中国科学院大连化学物理研究所◎组织编写

洁净能源领域
专利布局

杜伟　张娴　许轶◎主编

知识产权出版社
全国百佳图书出版单位
—北京—

图书在版编目（CIP）数据

洁净能源领域专利布局/中国科学院大连化学物理研究所组织编写；杜伟，张娴，许轶主编. —北京：知识产权出版社，2022.10

ISBN 978－7－5130－8346－1

Ⅰ.①洁… Ⅱ.①中… ②杜… ③张… ④许… Ⅲ.①能源—专利—产业布局—中国 Ⅳ.①TK01②G306

中国版本图书馆 CIP 数据核字（2022）第 166128 号

内容提要

本书介绍了洁净能源领域的全球专利布局现状，重点分析了煤制乙醇技术、全钒液流电池技术的专利发展情况；选取了3家具有代表性的创新主体，介绍了其专利布局现状、专利创造与运用活动特点及知识产权管理运营机制；以中国科学院洁净能源领域的专利发展态势为切入点，剖析了中国科学院在洁净能源领域的专利技术与市场布局现状、专利创造质量与价值度分布、专利运营活动特点、专利技术产业化成效等；提出了洁净能源领域的未来专利布局战略及专利高质量发展举措建议。本书是了解洁净能源领域技术发展现状的必备工具书。

读者对象：政府部门、洁净能源领域的相关企事业单位。

责任编辑：尹　娟　　　　**责任印制：**孙婷婷

洁净能源领域专利布局

JIEJING NENGYUAN LINGYU ZHUANLI BUJU

中国科学院大连化学物理研究所　组织编写

杜　伟　张　娴　许　轶　主编

出版发行：知识产权出版社有限责任公司
网　　址：http：//www. ipph. cn
http：//www. laichushu. com
电　　话：010－82004826
社　　址：北京市海淀区气象路50号院
邮　　编：100081
责编电话：010－82000860转8702
责编邮箱：yinjuan@ cnipr. com
发行电话：010－82000860转8101
发行传真：010－82000893
印　　刷：北京建宏印刷有限公司
经　　销：新华书店、各大网上书店及相关专业书店
开　　本：720mm×1000mm　1/16
印　　张：11.75
版　　次：2022年10月第1版
印　　次：2022年10月第1次印刷
字　　数：243千字
定　　价：68.00元

ISBN 978－7－5130－8346－1

编委会

本书由中国科学院A类战略性先导科技专项“变革性洁净能源关键技术与示范”（专项编号：DA21000000）资助出版。

序　言

目前洁净能源技术的开发已经成为世界科技前沿的重点领域，世界大国都把发展洁净能源作为根本性战略，加大投入。党的十八大以来，中国的能源发展进入新时代，能源清洁低碳转型已经成为当前及未来发展大势。发展洁净能源已经成为全社会乃至全人类的共识，也是我国能源革命的战略方向，洁净能源的内涵包括化石能源的高效清洁转化利用和核能、太阳能、风能、生物质能等可再生能源的消费利用。专利布局是指创新主体综合产业、市场和法律等因素，对专利进行有机结合，涵盖利害相关的时间、地域、技术和产品等维度，构建严密高效的专利保护网，最终形成有利格局的专利组合。

本书围绕洁净能源领域开展了宏观态势分析，以全球视野明晰能源产业竞争格局、探讨能源产业发展定位，对煤基乙醇和全钒液流电池等关键技术的科研创新和成果转化开展专利检索和分析，把握产业链中关键技术的分布。同时对国外相关机构和中国科学院洁净能源领域的研究进行了详细分析，以中国科学院大连化学物理研究所专利产出态势为例进行了剖析。

本书是中国科学院A类战略性先导科技专项“变革性洁净能源关键技术与示范”战略研究与专项总体的成果之一，紧密围绕洁净能源领域的关键技术，结合科研创新和应用的进展，对能源清洁低碳转型发展提出一些战略布局建议。

相信这本书的出版将有利于促进洁净能源领域技术创新布局的发展，为从事研究开发的科研人员和专利相关工作的知识产权人员提供有益的借鉴和参考。

中国科学院大连化学物理研究所副所长

2022年9月

序　言

碳达峰、碳中和已经成为2015年以来的全球共识。截至2021年年底，已有136个国家提出了“碳中和”承诺，范围覆盖了全球88%的二氧化碳排放、90%的GDP和85%的人口。能源清洁低碳转型是实现碳达峰、碳中和目标的关键，全球主要发达国家密集发布清洁能源相关战略，如欧盟将能源系统转型作为经济脱碳的战略重点，美国加速发展清洁能源创新技术以确保2050年实现100%的清洁能源经济。碳达峰、碳中和工作将推动中国经济社会进行广泛而深刻的系统性变革。我国“富煤、贫油、少气”的能源资源禀赋和现有能源结构与基础设施状况，也需要科学有序地推进能源产业体系绿色低碳化及能源相关领域的高质量发展。实现“清洁低碳、安全高效”的先进能源创新保障体系，技术进步与创新被寄予厚望。知识产权保护是激励创新的基本手段，是创新原动力的基本保障，是国际竞争力的核心要素。开展清洁能源领域的专利战略布局研究将有助于客观把握能源科技竞争形势、科学规划能源技术创新路径与方向。

本书由中国科学院大连化学物理研究所知识产权办公室、中国科学院成都文献情报中心知识产权研究中心合作完成。作者团队深耕知识产权研究领域近二十年，把知识产权工作作为严谨的科学问题进行研究，在知识产权科学评价、数据挖掘、风险预警的科学理论和研究方法方面都有很突出的建树。希望本书作者团队继续进行更多深入的合作研究，在碳达峰、碳中和科技需求迸发的关键时期，开展更多有意义的工作。

相信本书的出版发行能够为洁净能源领域的技术创新与管理活动提供有益的参考，能够为知识产权从业人员更直观形象地了解专利布局研究的创新导航作用及其实践应用提供帮助。

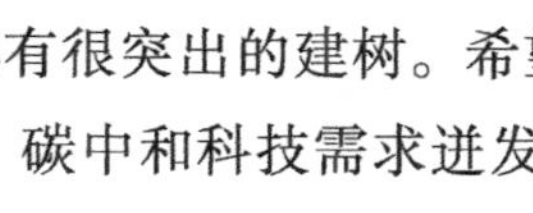

中国科学院成都文献情报中心党委书记、研究员

中国科学院文献情报中心副主任

2022年9月

前　言

洁净能源（clean energy）指在使用全过程中大气污染物和温室气体零排放或排放很少的能源，包括太阳能、风能、地热能、水能、生物能及海洋能等一系列可再生能源。国际能源界认为，洁净能源将成为人类未来的主导能源。当前，全球能源危机话题持续发酵，对传统能源的高度依赖已为全球敲响了警钟。据统计，2020 年，煤炭、天然气和石油等化石燃料占全球能源供给近 80%，可再生能源仅占 12%。近期的能源短缺凸显了加快能源转型与新能源革命的迫切性。国际能源署近日指出，全球要能够有效应对气候变化并且维持能源市场稳定，到 2030 年对洁净能源的投资则需要增加两倍。

中国科学院洁净能源创新研究院从能源系统顶层设计角度出发，以化石能源清洁高效利用与耦合替代、清洁能源多能互补与规模应用、低碳化多能战略融合为主线，通过技术革命促进各能源种类之间的联系，以优势互补来对冲抵消各自的缺陷，实现化石能源、可再生能源、核能的融合发展、示范，以及构建多种能源互补融合的新型能源系统，实现清洁低碳、安全高效，与生态文明同步协调发展，同时注重满足特种应用场景的能源需求，全面保障国家能源安全。洁净能源创新研究院的依托单位中国科学院大连化学物理研究所，是一个基础研究与应用研究并重、应用研究和技术转化相结合、以任务带学科为主要特色的综合性研究所，现已有 50 余项科技成果实现规模化应用，成立产业化公司 30 余家，分布在能源化工、新能源、节能环保、生物技术、分析检测等领域。“甲醇制取低碳烯烃技术”曾获得国家技术发明一等奖、中国专利金奖，为国家创造数千亿规模的战略性新兴产业，并带动 5000 万吨甲醇产业落地，在“液流储能技术”领域牵头制定国内外液流电池标准，引领全球液流电池技术发展。

本书从能源产业链上、中、下游重要环节及其高效清洁运行保障的视角切入，构建了洁净能源领域技术架构，共含 15 个子领域。具体包括：①位于能源产业链上游的化石能源开采子领域，依据能源种类又进一步划分为煤炭开采、石油勘探开采、天然气勘探开采和天然气水合物开采。②位于能源产业链中游的能源转化利用、储存和传输环节。其中，能源转化利用环节可进一步划分为核能和可再生能源利用及传统化石能源的清洁、高效利用。可再生能源利用子领域包含风能、太阳能、生物质能、地热能、海洋能、核电及核能非电利用子领域（包括核裂变能、乏燃料后处理与高水平放射性废物安全处理处置、可控核聚变等环节）。传统化石能源清洁利用包含涉及化石能源直接利用的化石能源燃烧发电与供热子领域

（涵盖燃煤发电、燃煤工业锅炉、燃气发电等环节）及化石能源转化利用的石油/天然气转化子领域（包括石油炼化成品生产、天然气转化制燃料和化学品）、煤炭转化子领域（包括煤炭分级分质转化、煤制燃料、煤制化学品、煤化工与重要能源系统耦合集成、煤化工废水安全高效处理）。涉及能源储存的环节包含储能子领域（包含储热/储冷、物理储电、化学储电）和氢能及燃料电池子领域（包含制氢、储氢、运氢）。涉及能源传输的环节包含先进电网子领域（涵盖并网、输电、配电等环节）和能源互联网子领域（涵盖能源效率终端智能化、能源信息化、能源系统与信息系统融合环节）。③能源产业链下游，涉及能源的多类型终端场景应用。能源在工业系统中的应用衍生出低碳工业子领域［包括化工（合成氨）、化工（甲醇）、化工（乙烯）、化工（苯、甲苯与二甲苯）、化工（高价值化学品）、化工（塑料）、钢铁、建材、造纸、铝、金属产品、工业共性环节］。能源还可与交通、建筑等终端场景结合，衍生出低碳交通子领域（涵盖道路交通、铁路交通、水运交通、航空交通等环节）、低碳建筑子领域（涵盖建造与翻新、供热与供冷、烹饪、照明、系统集成等环节）。④能源系统节能与能效提升子领域（涵盖工业锅炉、窑炉能效、电机能效、废热回收利用、系统优化节能等环节）、二氧化碳捕集与转化利用子领域（涵盖 CO_2 捕集、CO_2 运输、CO_2 封存、CO_2 转化利用等环节）作为能源系统高效、清洁运行的保障贯穿于能源产业链的各个环节中。

本书研究了洁净能源领域的全球专利布局现状、在华专利布局现状，重点分析了煤制乙醇技术、全钒液流电池技术的专利发展情况。选取了美国能源部、德国弗劳恩霍夫应用研究促进协会、日本东京大学 3 家具有代表性的发达国家创新主体，研究了 3 家机构的专利布局现状、专利创造与运用活动特点、知识产权管理运营机制等。本书还基于中国科学院洁净能源创新研究院的现状，分析了中国科学院洁净能源领域的专利发展态势；重点研究了洁净能源创新研究院的依托单位——中国科学院大连化学物理研究所，分析了研究所的专利技术与市场布局现状、专利创造质量与价值度分布、专利运营活动特点、专利技术产业化成效等。综合前述分析结果，本书提出了洁净能源领域相关专利布局战略、专利高质量发展工作举措建议。

目 录

CONTENTS

第 1 章　洁净能源领域全球专利概况

本章分析对象为 2000—2021 年洁净能源领域全球发明专利申请，截至 2021 年 8 月，共计 230 240 项专利家族❶。

1.1　专利申请时间趋势

洁净能源领域处于持续的创新活跃期。2000—2018 年，洁净能源领域全球发明专利申请数量始终保持增长态势，2018 年度专利申请数量相对于 2000 年增长 3.4 倍。2019 年，洁净能源领域全球相关发明专利年度申请数量出现小幅下降❷（图 1－1）。

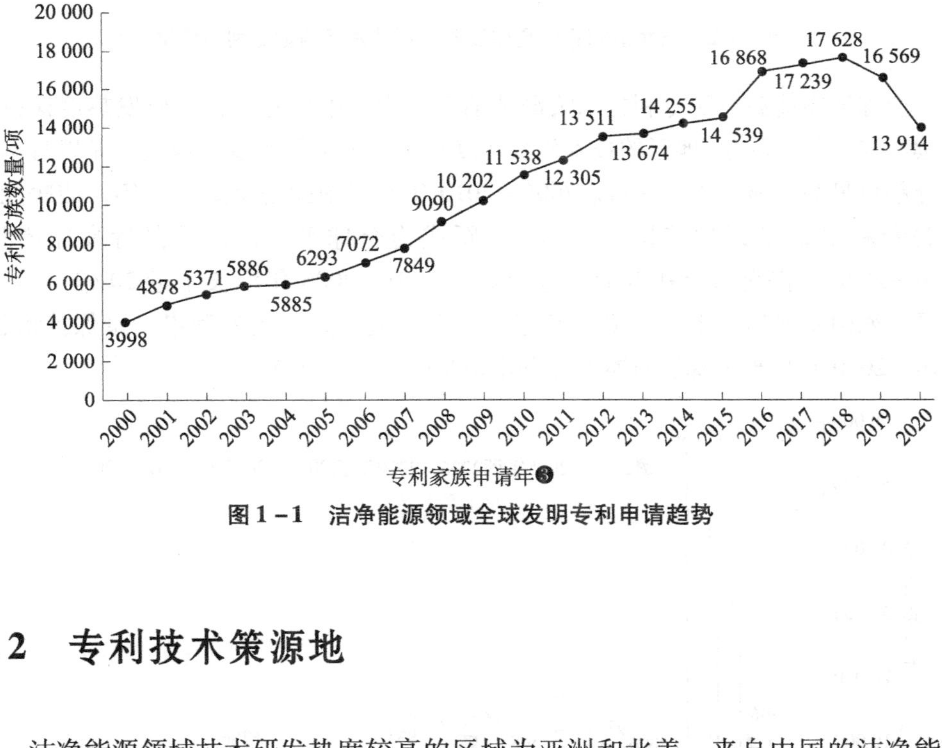

图 1－1　洁净能源领域全球发明专利申请趋势

1.2　专利技术策源地

洁净能源领域技术研发热度较高的区域为亚洲和北美。来自中国的洁净能源

---

❶ 指 incoPat 简单家族，即优先权完全相同的一组专利，后同。

❷ 因专利申请公开存在最长 18 个月的时滞，2020 年、2021 年的专利申请数量仅供参考。

❸ 专利家族申请年是指专利家族中最先申请的同族专利的申请年。

专利申请量具明显领先优势，占2000年以来全球前14位发明专利技术策源地提交总量的一半（图1－2）。美国、日本属第二梯队，发明专利申请量接近。韩国、德国申请量位居第三梯队。

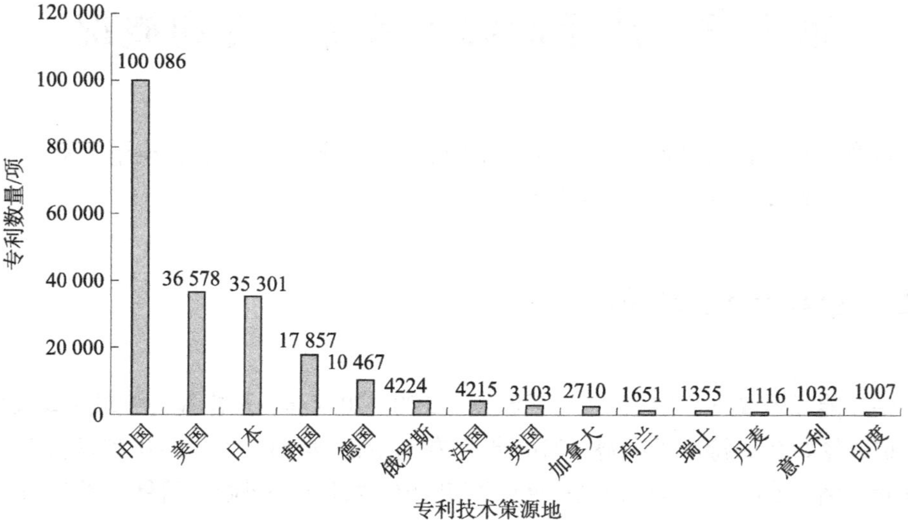

图1－2　洁净能源领域全球发明专利技术策源地专利申请量

全球洁净能源发明专利技术策源地前5位中，中国专利技术研发热度保持着持续高涨，其余国家/地区的技术研发热度均表现出不同程度的消减，尤以日本的下降趋势最为明显（图1－3）。2006—2010年对于中国是重要的5年，洁净能源相关专利申请量超过美国、日本，一跃成为全球第一，此后保持高速增长，2016—2020年提交的专利申请数量相对于2001—2005年增长了近20倍。美国、韩国、德国发展趋势相似，2001年起的前3个五年期相关专利申请量保持增长，2016—2020年出现下降。日本的专利申请量则呈持续下降。

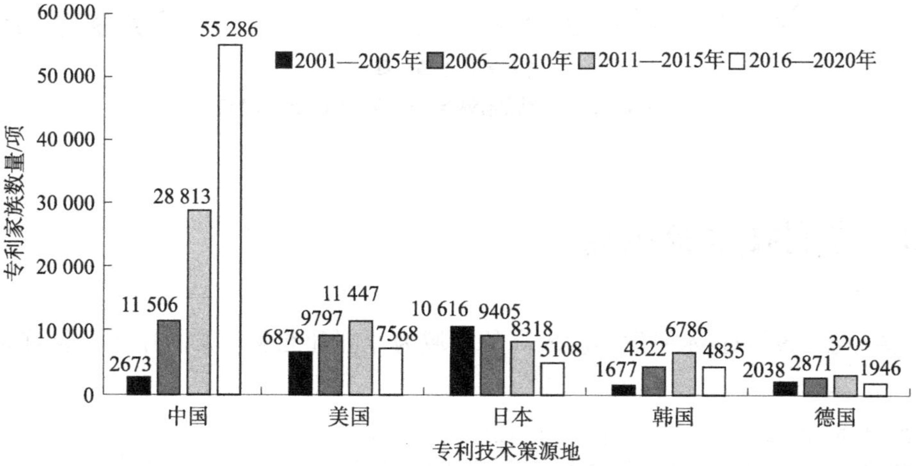

图1－3　洁净能源领域全球前5位技术策源地发明专利申请趋势

1.3　领先研发主体

1.3.1　领先专利申请人

洁净能源领域全球前15位发明专利申请人共申请相关专利22 785项，分别来自中国（占44.2%）、日本（占44.0%）、韩国（占11.8%）的申请机构（图1－4）。

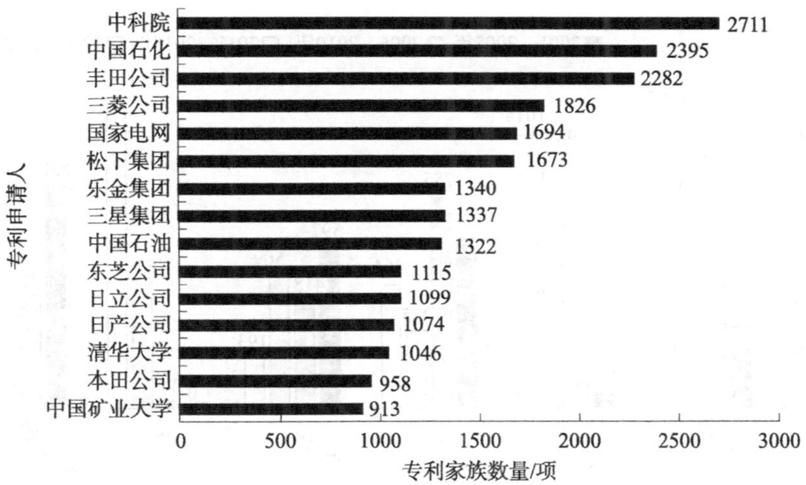

图1－4　洁净能源领域全球前15位领先专利申请人专利家族数量

全球15位领先申请人中，中国占据6位，相关专利产出10 081项，包含了科研机构、龙头企业、高校三类创新主体，根据申请量排名依次是中科院、中国石化、国家电网、中国石油、清华大学、中国矿业大学。其中，企业专利产出最多（占53.7%），然后是中科院（占26.9%）与高校（占19.4%）。中科院、中国石化位列全球第1、第2位。从中国的全球领先申请人的情况来看，中国的洁净能源领域已经初步形成了良好的创新生态。产学研不同类型的创新主体协同发力，在国际舞台表现不俗。产业界拥有一批技术积累丰沛、创新实力强劲的龙头企业，具有较高的技术开发与科研成果承接能力；科技界掌握大量的自主创新成果，能够为行业发展提供技术供给，输入创新驱动力。

日本占据全球洁净能源领域的另一重要位置，7家企业入围全球15位领先申请人，依次是丰田公司、三菱公司、松下集团、东芝公司、日立公司、日产公司、本田公司。尽管日本在洁净能源领域的专利申请总量只接近中国专利申请总量的1/3（图1－2），但头部企业数量多、创新力强、国际影响大，7家全球领先申请人专利产出量（10 027项）与中国领先人专利产出量大体相当。这些企业的专利技术具备较好的产业化应用价值，构成了日本以企业为主体的洁净能源领域良好的产业生态。

韩国有两家龙头企业入围：乐金集团、三星集团。

专利申请总量位列全球第二的美国，未见有相关专利申请人入围全球15位领先申请人名列，可见美国在洁净能源领域缺乏表现突出的龙头企业，整体技术实力处于“大而不强”的状态。

从领先申请人专利申请趋势来看，中国领先机构专利申请数量均呈现出快速增长趋势，相对于2001—2005年的水平，2016—2020年中科院和中国石化专利申请数量分别增长了近4倍和近16倍，国家电网专利申请数量更是由零跃升至1155项，居全球第一位（图1－5）。

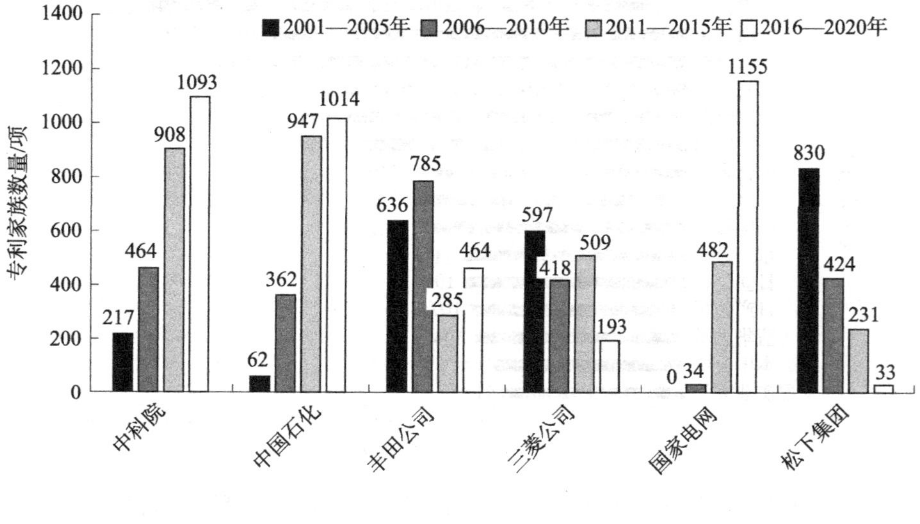

图1－5　洁净能源领域全球领先专利申请人发明专利申请趋势

日本3家领先申请机构专利申请数量整体呈下降趋势，丰田公司2016—2020年专利申请数量较上一个五年期出现小幅反弹，松下集团的专利申请量呈现近似线性的下降趋势，2016—2020年的专利布局数量锐减至早期专利数量的4%。

综合推断，由于发展时间较早，日本机构在洁净能源领域的技术积累深厚、产业实力较强，已掌握了大量的先进自主技术。长期的技术、产业积淀决定了日本机构现阶段在洁净能源领域仍然具备强劲的实力。近年来，日本机构在洁净能源领域的专利布局数量减少，反映出日本在该领域技术渐趋成熟，可能进入发展瓶颈期。中国机构在洁净能源领域专利技术研发热度空前，创新成果丰富，技术发展态势十分可观；龙头企业研发能力突出，技术承接能力强，科技成果产业化渠道通畅。在学术界、产业界双轮推进下，中国的洁净能源产业生态将逐步完善，进一步形成技术创新促进产业发展、产业提升牵引技术进步的良性循环，未来增长前景可期。

1.3.2　活跃专利申请人

2016—2020 年洁净能源领域全球前 10 位活跃专利申请人[1]如图 1－6 所示。其中，中国专利申请人占据 9 位，包括较早发展洁净能源技术的 4 位专利申请人（中科院、中国石化、中国石油、清华大学）。上述单位 2016—2020 年专利申请数量增幅明显，约占该单位专利申请总量的 40%～50%。多家单位 2016—2020 年专利申请数量增长迅速（占比超过 50%），包括跃升至专利申请数量首位的国家电网，以及中国矿业大学、中国石油大学、华北电力大学和西安交通大学等高校。相对于日本洁净能源龙头企业丰田公司 2016—2020 年专利申请量占比为 20.3%，中国单位 2016—2020 年的专利技术研发速度惊人。可见，近几年来，中国在洁净能源领域专利技术发展速度很快，产业界、学术界都保持空前研发热度，技术产出体量庞大，专利申请量和领先机构数量都逐渐在全球占据领跑地位。

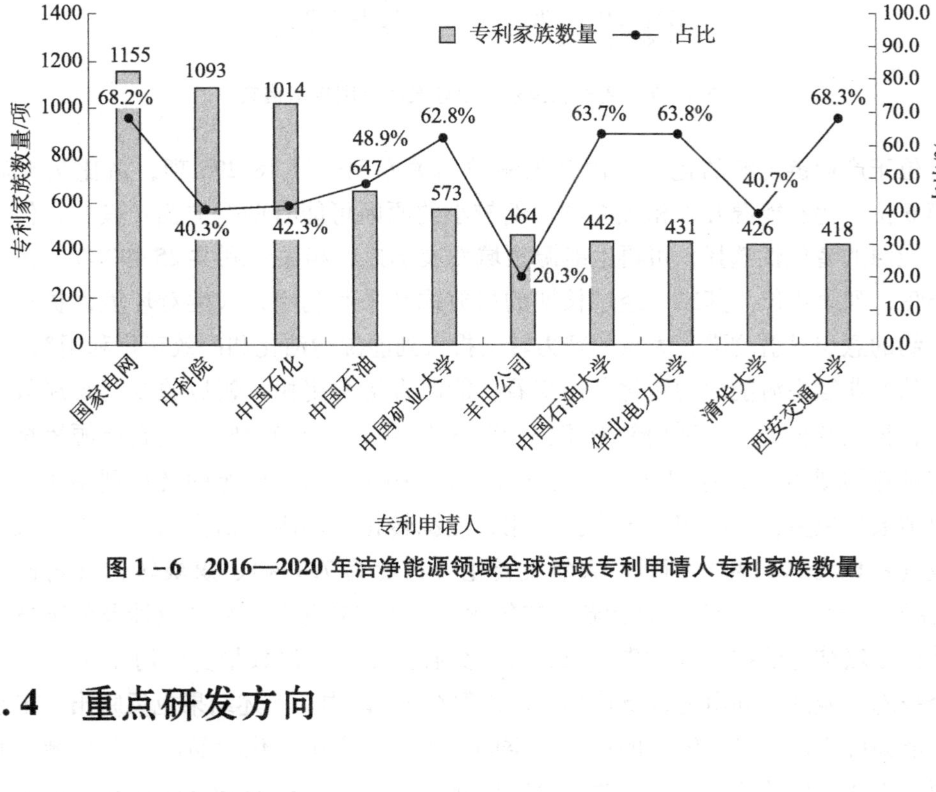

图 1－6　2016—2020 年洁净能源领域全球活跃专利申请人专利家族数量

1.4　重点研发方向

1.4.1　专利技术构成

洁净能源领域全球发明专利技术构成中，能量存储子领域具备很高的关注度和技术研发热度，尤其是氢能及燃料电池（占比为 18.4%）和储能等领域（占比

[1] 指 2016—2020 年专利申请量全球领先的专利申请人。

为 10.9%)(图 1-7)。

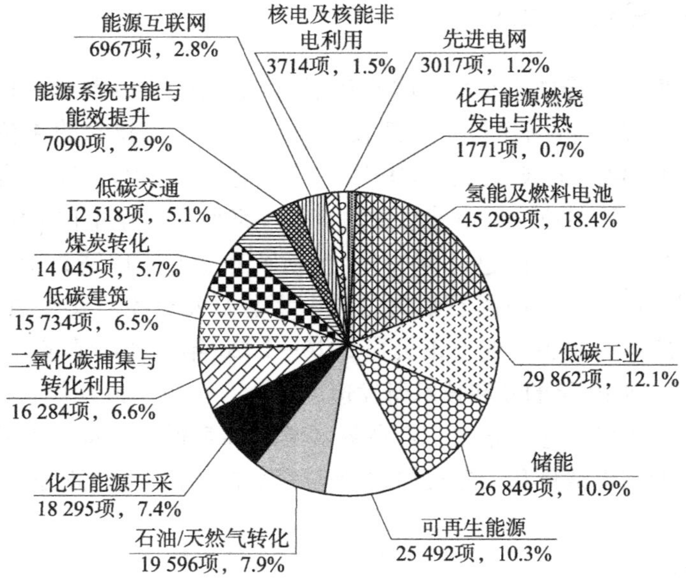

图 1-7　洁净能源领域全球发明专利技术构成

位于产业链上游的化石能源开采领域相关专利合计 18 295 项，占比 7.4%，列第 6 位。化石能源开采相关专利比例较小的原因可能有两个方面：其一，作为化石能源的替代性选择，可再生能源领域发展迅速，相关专利共 25 492 项，占比 10.3%，列第 4 位。其二，经过长期的粗放式开采和利用，人类对环境保护和资源节约的意识日益增强，大量的精力转向投入到能源清洁化和高效转化利用领域。

从产业链中游能源的转化利用来看，能源直接利用相关领域的专利布局数量较少，核电及核能非电利用领域相关专利 3714 项，占比 1.5%；化石能源燃烧发电与供热领域相关专利 1771 项，占比 0.7%。相比而言，能源的转化利用相关专利申请数量更多，说明相对于直接利用，能源转化利用附加值更高。其中，低碳工业（占比为 12.1%）、石油/天然气转化（占比为 7.9%）、煤炭转化（占比为 5.7%）技术领域的专利申请活跃。二氧化碳捕集与转化利用领域及涉及低碳技术与其他领域结合的技术（低碳建筑、低碳交通）专利申请数量占比均在 6% 左右。其余技术领域的专利申请数量较小，占比都在 3% 以内。上述结果也反映出，未来洁净能源应用领域尚有较大的可拓展空间，不仅要应用于化学品制造业领域，而且要向农业、建筑业、交通等领域渗透与融入。

从洁净能源领域全球发明专利的技术构成来看，能源产业链上游的化石能源开采领域［图 1-8（a）］、天然气勘探开采和天然气水合物开采技术专利申请占比加和超过 45%，然后依次是石油勘探开采技术（占比为 36.2%）和煤炭开采技术（占比为 17.8%）。可以看出，作为一种清洁高效的能源，天然气因二氧化碳和其他污染物排放低于其余化石能源，受到更多关注。

传统化石能源的高效转化利用方面，石油/天然气转化领域中［图1－8（b）］，石油炼化成品生产技术（占比为62.2%）的专利申请热度较天然气转化制燃料和化学品技术高；煤炭转化领域中［图1－8（c）］，煤制燃料专利申请量较多（占比为41.6%），其后依次是煤炭分级分质转化技术（占比为25.3%）、煤制化学品技术（占比为19.0%）。化石能源燃烧发电与供热领域中［图1－8（d）］，燃煤发电技术专利申请量较高（占比为66.9%），然后依次是燃气发电技术（占比为20.2%）、燃煤工业锅炉技术（占比为12.9%）。

新兴的核能和可再生能源利用方面，核电及核能非电利用领域中［图1－8（e）］，核裂变能相关专利布局数量最多（占比为81.6%）。可再生能源领域中［图1－8（f）］，太阳能是专利技术研发最活跃的技术分支，占比接近50%，然后依次是海洋能（占比为24.0%）、风能（占比为16.6%）和生物质能（占比为11.1%）；相比之下，地热能领域技术研发热度较低。

能量的存储和传输方面，在储能领域中［图1－8（g）］，包括新兴压缩空气储能、飞轮储能等技术的物理储能技术专利申请数量占比达半数之多，含全钒液流电池及高比能锂电池等技术的化学储电技术（占比为26.0%）和储热/储冷技术（占比为24.0%）专利申请数量相近。氢能及燃料电池领域中［图1－8（h）］，用氢技术专利申请量最多，占比接近50%；其次是制氢（占比为24.4%）。在先进电网领域中［图1－8（i）］，并网技术研发活跃程度突出，专利申请量占比高达88.6%。能源互联网领域中［图1－8（j）］，与互联网和大数据相结合的能源信息化技术研发热度最高，占比41.1%，其后是能源效率终端智能化技术（占比为35.8%）。

洁净能源下游的终端应用领域方面，在低碳工业领域中［图1－8（k）］，工业共性技术和造纸技术的专利申请数量最多，占比均超过24%。低碳技术与交通、建筑等终端领域的融合，衍生出了低碳交通、低碳建筑技术领域。道路交通目前是低碳技术融合最广泛的交通场景，专利申请量占比超过80%，其后依次为铁路交通、水运交通和航空交通领域应用技术［图1－8（l）］。在低碳建筑领域中［图1－8（m）］，低碳技术与建筑供热、供冷的融合最具技术研发热度，占比接近50%，低碳建筑建造与翻新的融合技术专利申请量占比33.6%；此外，低碳技术在烹饪、照明、系统集成子领域专利布局数量较少，占比均低于10%。

在能源系统节能与能效提升领域［图1－8（n）］，废热回收利用技术专利申请热度最高，占比高达56.6%。在以碳排放物捕获、封存为目标的二氧化碳捕集与转化利用技术领域中［图1－8（o）］，CO_2 转化利用技术专利研发热度较高，占比32.2%，数量略占优势；其后为 CO_2 捕集、CO_2 运输，专利申请数量占比均超过20%。

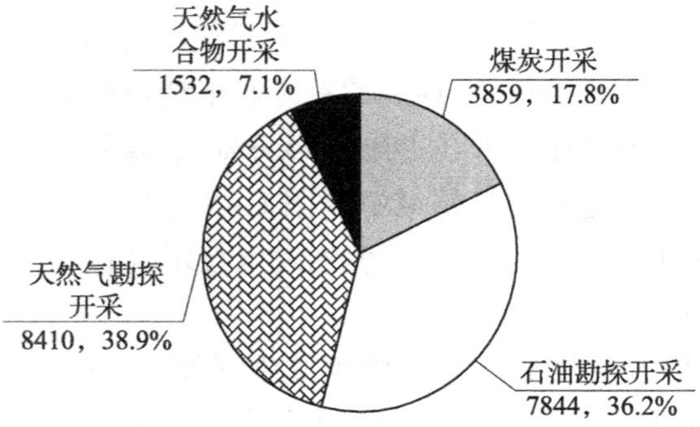

（a）化石能源开采

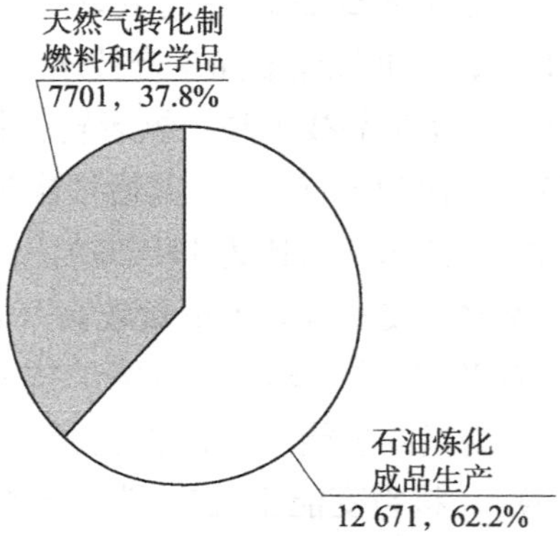

（b）石油/天然气转化

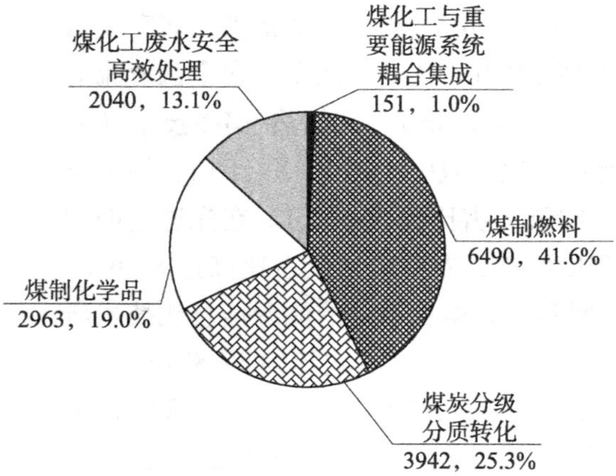

（c）煤炭转化

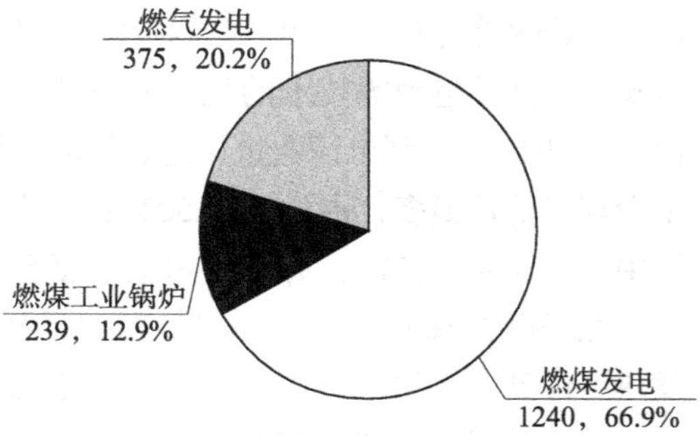

（d）化石能源燃烧发电与供热

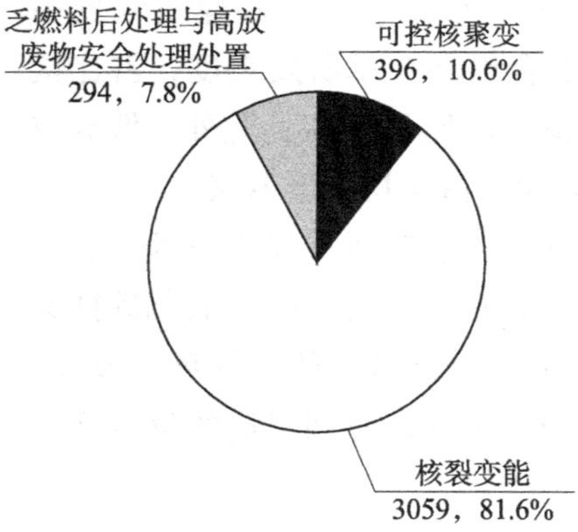

（e）核电及核能非电利用

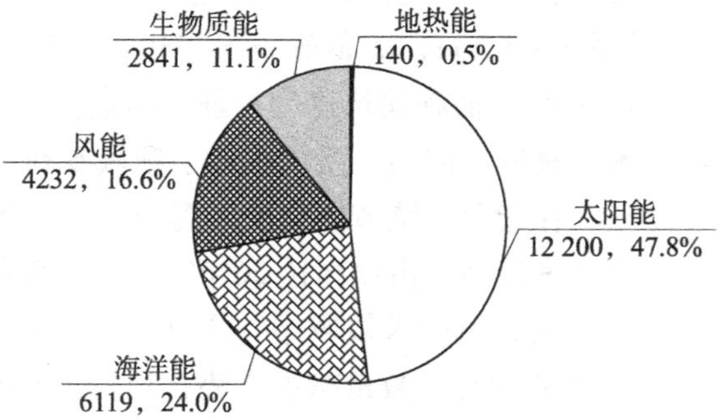

（f）可再生能源

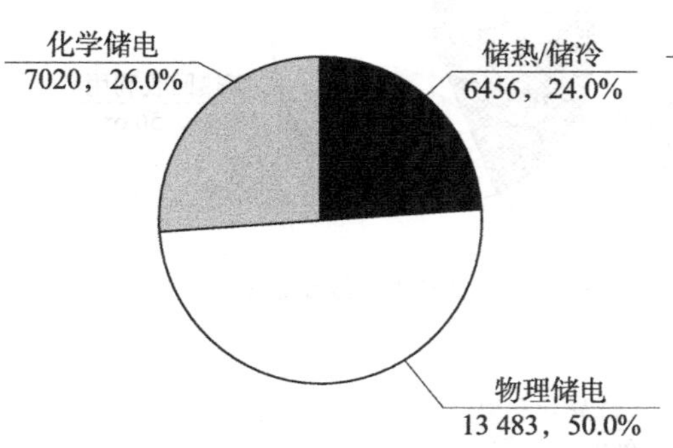

（g）储能

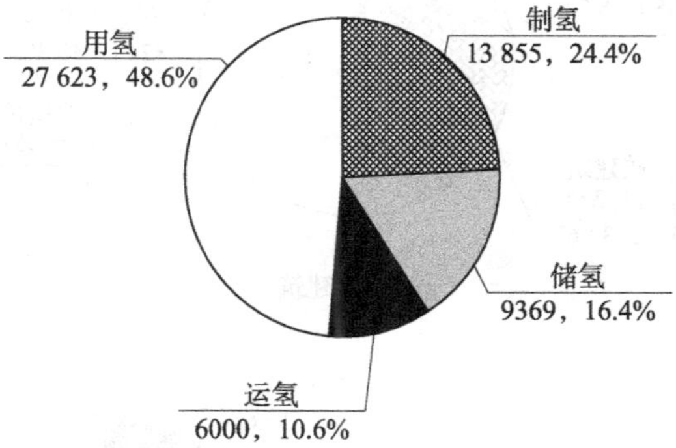

（h）氢能及燃料电池

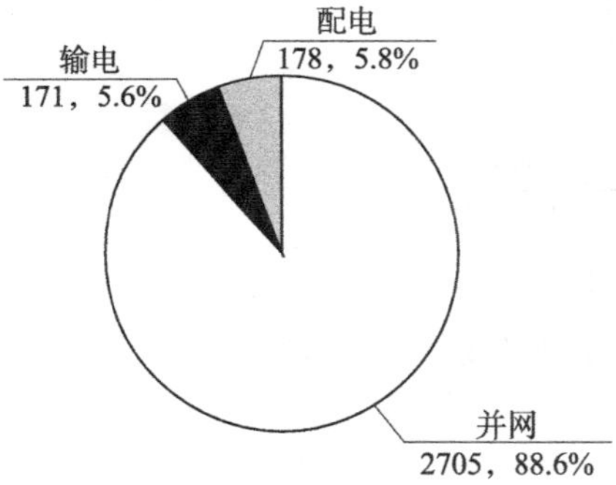

（i）先进电网

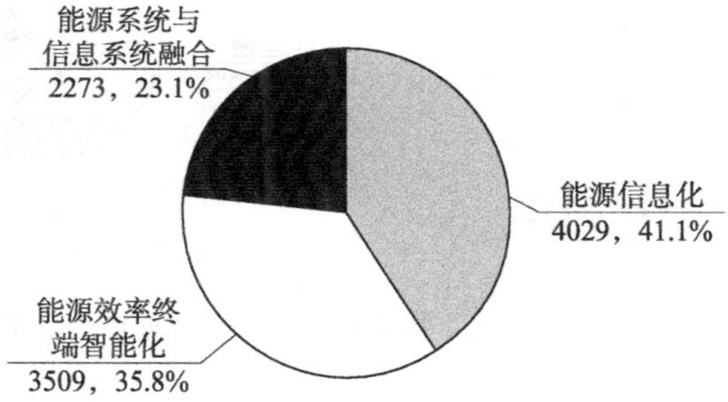

（j）能源互联网

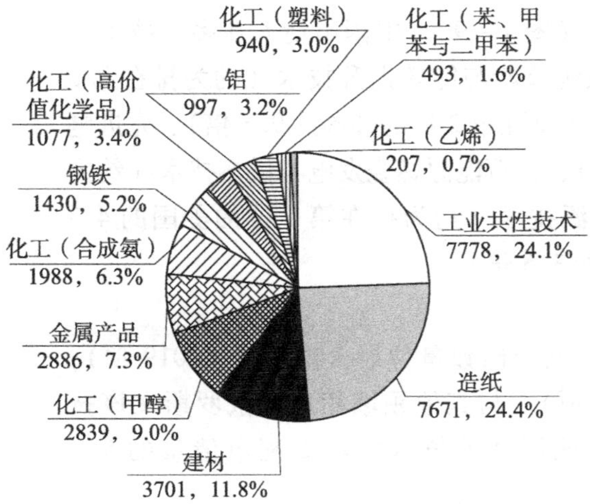

（k）低碳工业

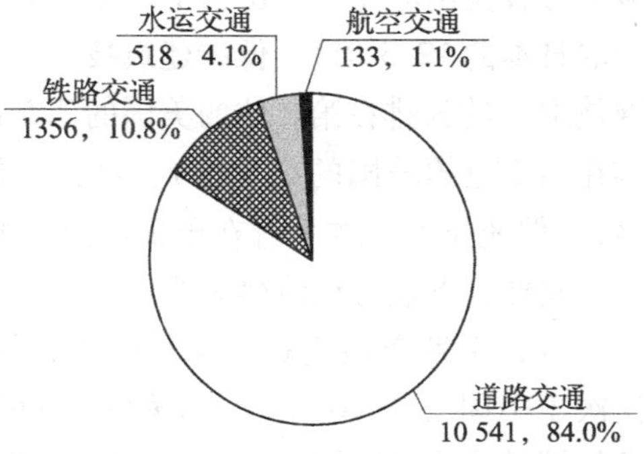

（l）低碳交通

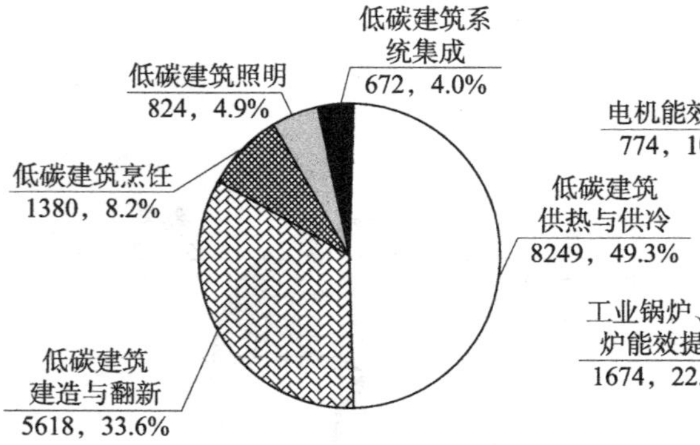

（m）低碳建筑

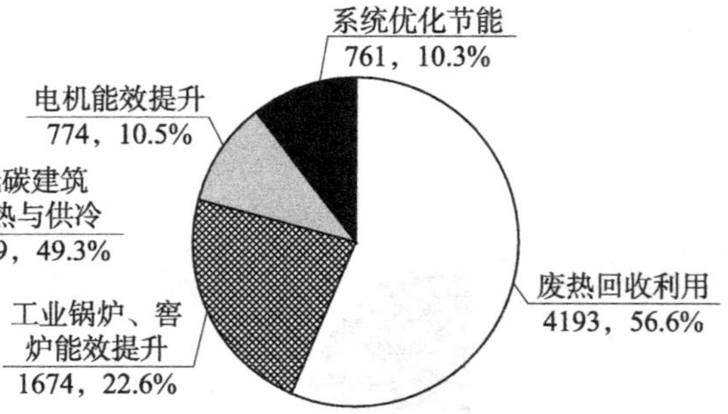

（n）能源系统节能与能效提升

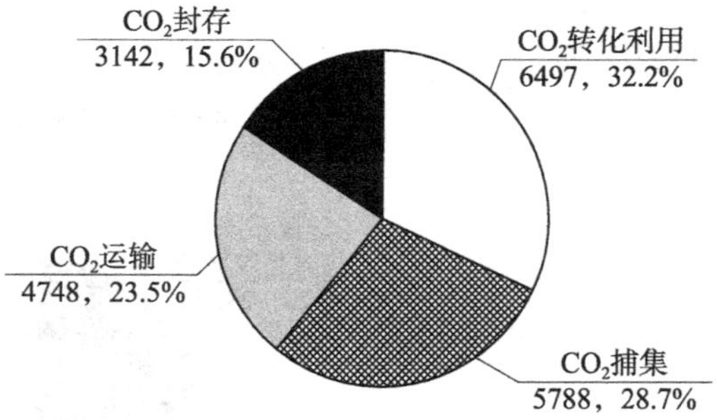

（o）二氧化碳捕集与转化利用

图1-8 洁净能源领域全球发明专利申请技术构成（单位：项）

1.4.2 专利技术策源地

从专利技术策源地专利布局情况来看（图1-9），中国申请人在多个技术领域拥有较突出的专利产出优势，如能源系统节能与能效提升技术（约为排在第2位的日本的12.5倍）、低碳建筑技术（约为排在第2位的韩国的9.3倍）、先进电网技术（约为排在第2位的美国的7.5倍）、化石能源燃烧发电与供热技术（约为排在第2位的美国的5.8倍）、可再生能源技术（约为排在第2位的美国的4.3倍）、储能技术（约为排在第2位的美国的3.5倍）。

此外，下述特点值得关注：

（1）俄罗斯在化石能源开采领域的专利产出数量位居全球第3（2019项），仅次于中国（10 165项）和美国（3444项）。与其他领域相比，俄罗斯在该技术领域的专利布局数量最多，约相当于该国其他技术领域专利申请量的5～10倍。

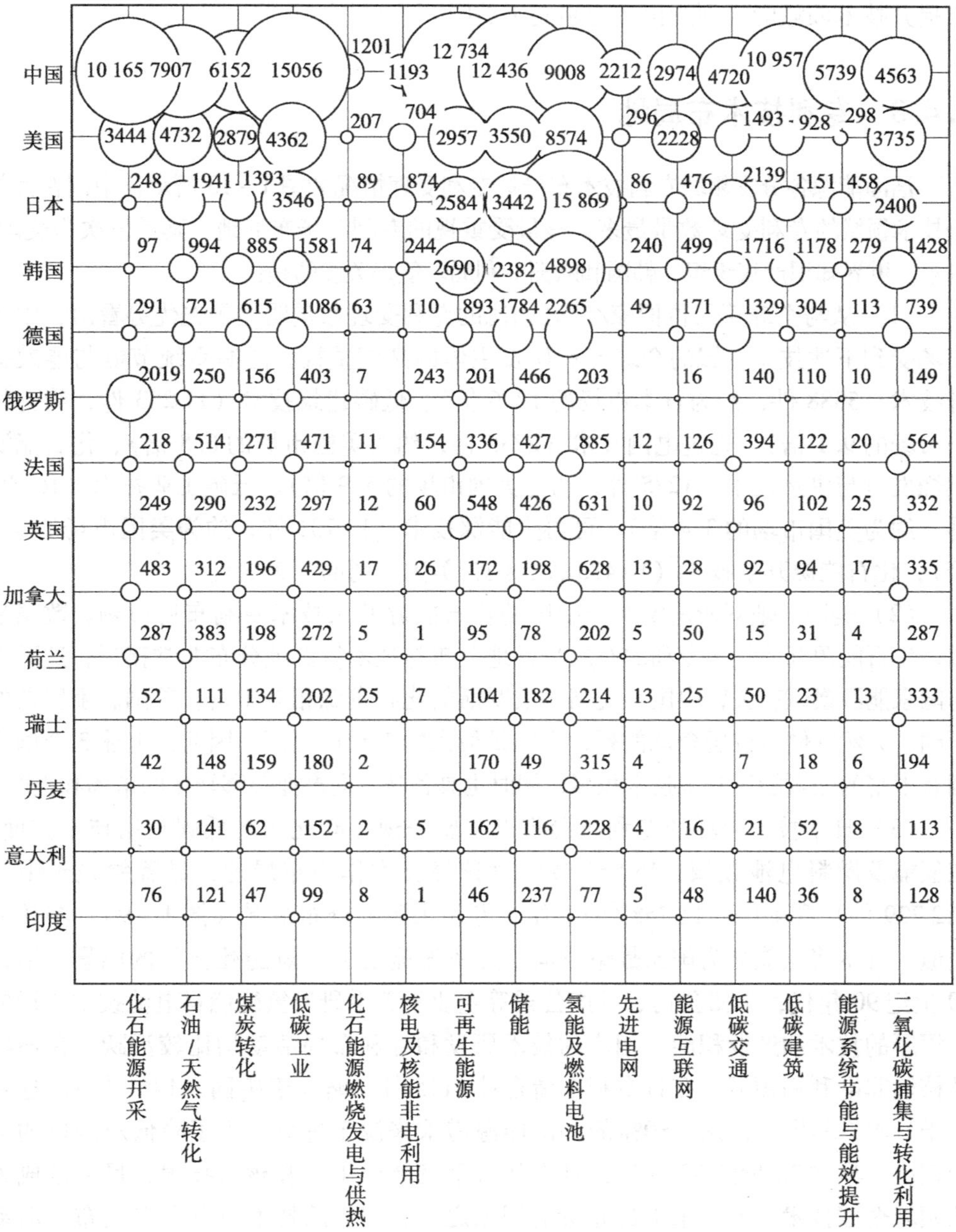

图 1－9　洁净能源领域全球专利技术策源地专利布局情况（单位：项）

（2）日本申请人在氢能及燃料电池技术领域具有较强的研发积累，申请了大量专利；在核电及核能非电利用技术领域研发实力也不容小觑，专利产出量（874项）位居全球第二位，略少于中国（1193项）。除中国申请人外，日本申请人对洁净能源下游的终端应用高度重视，在低碳交通、低碳建筑、能源系统节能与能效提升技术领域的专利产出实力领先于美国。

1.4.3 专利技术布局地

洁净能源各分支领域专利技术布局地专利受理情况如图1-10所示，中国在大部分技术领域的专利受理数量最多，是最受重视的专利市场布局地，其后依次为美国、日本、世界知识产权组织、韩国和欧洲专利局。值得关注的是：

（1）从与全球第二位国家/地区相比的专利受理数量明显领先优势看出，中国市场受到下述技术领域的全球专利研发主体的高度重视：能源系统节能与能效提升技术（5888件，约为日本市场的12.6倍）、低碳建筑技术（11 263件，约为韩国市场的9.1倍）、先进电网技术（2235件，约为美国市场的6.8倍）、化石能源燃烧发电与供热技术（1275件，约为美国市场的5.9倍）、低碳工业技术（16 970件，约为美国市场的3.4倍）、可再生能源技术（13 781件，约为美国市场的3.2倍）、化石能源开采技术（10 433件，约为美国市场的3.2倍）。

（2）美国、俄罗斯是仅次于中国的化石能源开采技术专利布局市场。数据显示，化石能源开采技术专利的布局目标地分布与技术策源地分布非常接近，这可能与国家能源禀赋有关，中国、美国、俄罗斯的化石资源相对丰富。美国、俄罗斯的石油、天然气储量位居全球前列，中国是最大的煤炭产出国。因此，上述3个国家拥有丰富的化石能源开采技术积累，同时也具备技术向产业转移转化的市场和土壤。

（3）日本技术市场的专利布局重点主要表现在新能源与低碳利用技术方面。在氢能及燃料电池领域，15 951件专利选择日本作为布局地，显著领先于中国（12 729件）和美国（11 758件）。结合专利来源地分布情况（图1-9），与核能类似，日本将氢能列为国家战略方向，并率先提出了“氢能社会”的愿景。早在20世纪90年代，丰田公司、日产公司等企业就着手研发氢能燃料电池技术，形成了深厚的技术和产业积淀，相应的技术研发和专利布局活动均比较活跃。在核电及核能非电利用领域，在日专利申请合计1115件，略少于中国（1461件）。这是由于日本自然资源缺乏，80%的一次能源需求来源于进口，为了降低对进口的依赖程度，早在20世纪50年代，日本就着手发展核工业和核电技术，目前已成为该领域全球技术、产业水平最先进的国家之一，相应的技术研发和专利布局活动均比较活跃。在低碳建筑、能源系统节能与能效提升技术领域，分别有1133件、468件专利选择日本作为布局地，数量高于美国（1094件、335件），可见日本在涉及能源高效、低碳利用相关的新兴技术领域，具有较高的市场关注度与吸引力。

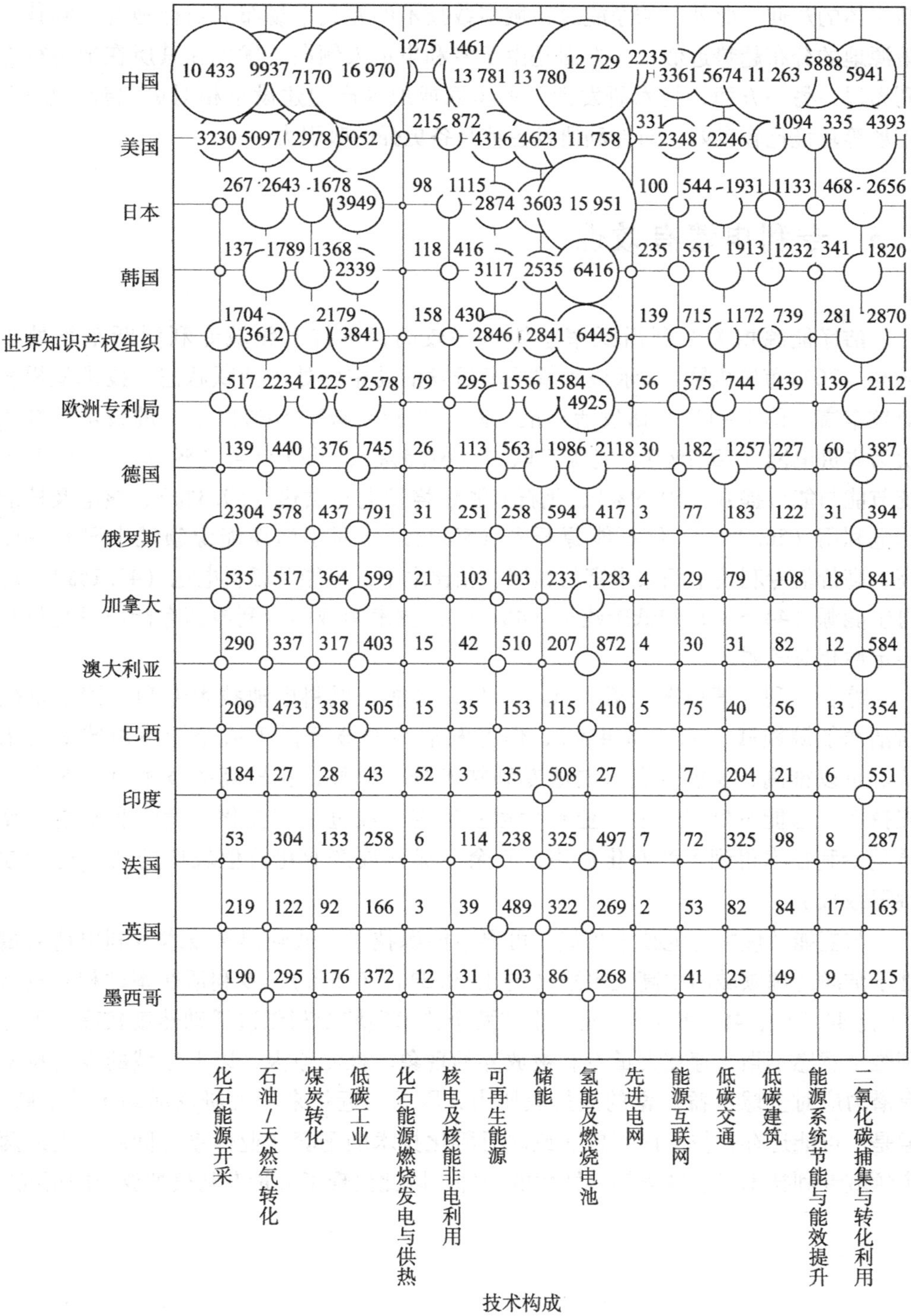

图 1－10　洁净能源领域全球专利技术布局地专利受理情况（单位：件）

总的看来，利用世界性和地区性的知识产权组织平台及其提供的专利申请途径可大大简化全球或区域范围专利布局的流程，降低专利布局难度，受到专利创新主体的欢迎。此外，洁净能源领域多数技术的专利市场布局目标地与专利技术策源地的分布趋势近似，一方面是由于专利申请人倾向于优先在其所在地进行专利布局，另一方面，技术研发活跃的国家或地区产业建设也相对更完善，政策、市场等环境比较良好，对专利研发主体具备更强的吸引力。

1.5 专利申请有效性

洁净能源相关专利活跃率总体水平较高，各技术领域专利活跃率均处于40%～70%范围内[1]，显示该领域技术研发活动整体处于活跃状态，技术积累相对较丰富（图1－11）。研发活动最活跃（专利活跃率50%以上）的技术领域依次为先进电网（70.2%）、能源互联网（61.5%）、低碳交通（59.7%）、能源系统节能与能效提升（59.6%）、化石能源燃烧发电与供热（59.3%）、核电及核能非电利用（56.0%）、化石能源开采（55.1%），属于洁净能源领域中研发热度高、高价值专利技术积累丰富的领域。相比之下，氢能及燃料电池（43.1%）、可再生能源（44.5%）和低碳建筑（46.7%）技术领域的专利申请存活质量与权利稳定性相对较弱。

综合专利申请情况来看（图1－7），氢能及燃料电池技术专利申请数量位居洁净能源领域之首（18.4%），但专利活跃率显著低于洁净能源领域平均水平。可以推测，氢能及燃料电池专利技术分化明显，在较高的技术研发热度的支持下，氢能及燃料电池产业建设逐步完善，经过了产业化的竞争和筛选，高质量专利技术得到了商业化运用，其余不成熟或产业化价值较低的技术逐渐被搁置或放弃。

与氢能及燃料电池技术相似，可再生能源技术、低碳建筑技术专利申请数量处于洁净能源领域内中高位水平（占比10.3%、6.5%），专利活跃率却相对较低（占比44.5%、46.7%）。可见，上述两个技术领域专利创造活动热度较高，但专利维持意愿不强，存在大量专利被放弃的现象。推测原因，以上领域的专利技术有潜力应对全球日益加剧的碳排放压力，因此，近年来相关研发活动十分活跃。但是，可能还存在技术尚不成熟或缺乏孵化技术的配套产业体系等问题，上述两个领域专利技术目前缺乏转移转化的条件，因此出现了大量专利权被放弃的情况。

[1] 活跃率为处于“有效”状态和“审中”状态的专利申请数量占本技术领域专利申请总量的比率。由于分析对象均为2000年之后申请的专利，故此处排除了因专利保护期届满导致的专利失效情况。

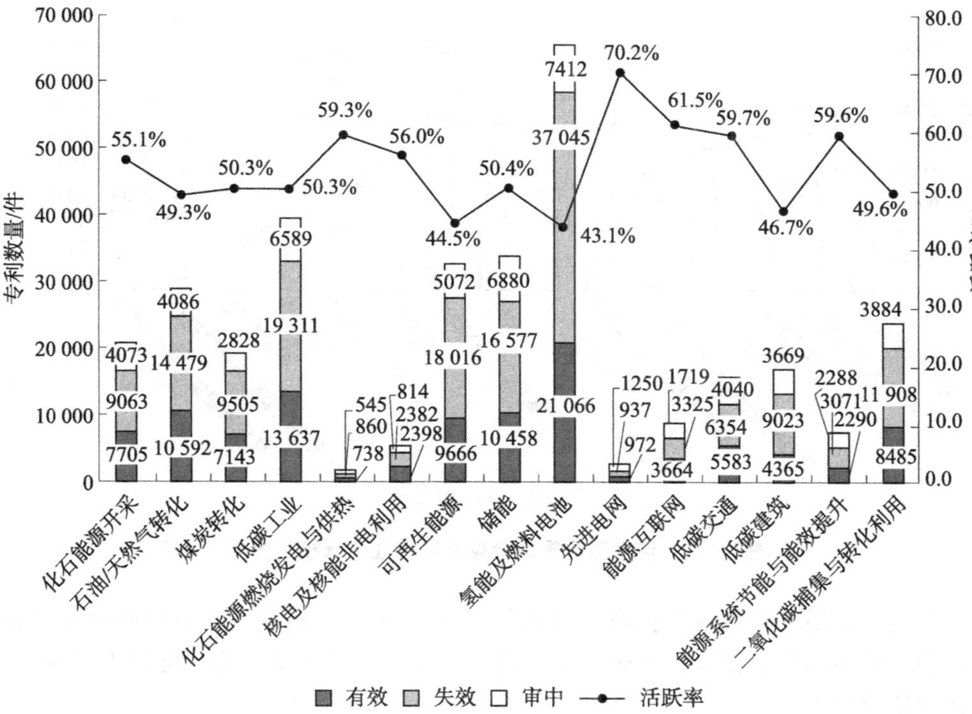

图1-11 洁净能源领域全球专利法律状态分布及活跃率

1.6 专利技术运营

1.6.1 专利转让活动

1.6.1.1 专利转让活跃技术

洁净能源领域全球专利转让活跃技术分布（图1-12）显示，专利转让活动最活跃的是能源互联网技术，发明专利转让数量占其发明专利产出总量的近30%（图1-12）。结合专利申请情况（图1-7）看出，虽然能源互联网技术专利布局数量较少，但是转让比例较高，可推测该技术可能属于发展时间较短的新兴技术，但其技术发展现状比较理想且技术应用前景为业内所看好，相关专利技术转移转化活动较活跃。存在类似情况的还有核电及核能非电利用技术。

氢能及燃料电池技术属于研发活跃、转让活跃的“双高”技术领域，专利转让数量规模最大，且转让率超过23%，仅次于能源互联网技术。可能是由于该领域发展时间较长，技术积累丰富，同时该领域受到行业的持续高度关注，技术研发及转移转化活动热度始终不减。在技术研发与转移转化并重的局面下，预计该领域未来的技术发展及产业生态建设潜力十足。

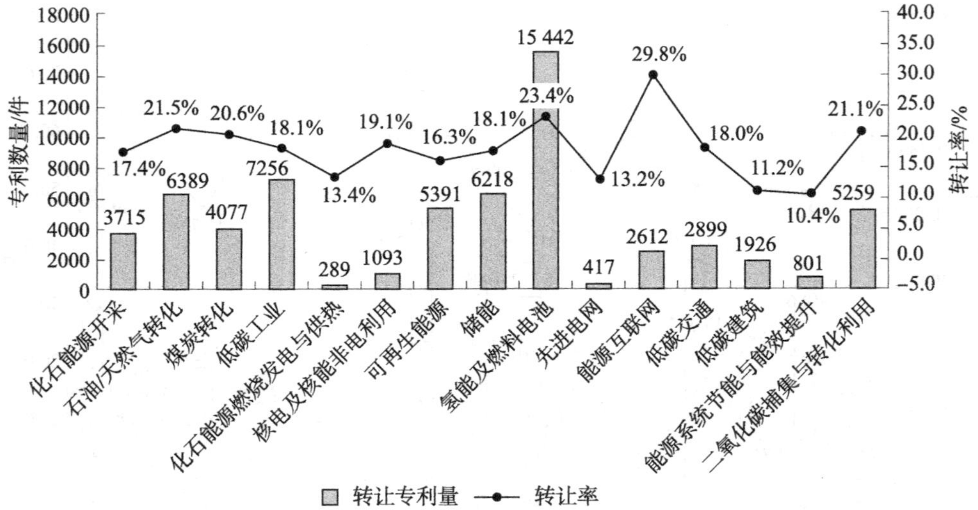

图 1-12　洁净能源领域全球专利转让活跃技术分布

专利转让活跃程度较高的技术领域还有石油/天然气转化、二氧化碳捕集与转化利用、煤炭转化、储能、低碳工业、低碳交通、化石能源开采、可再生能源等，转让率均超过 15%。

另一方面，转让率明显偏低的几个技术领域，又呈现出不同的发展类型特点。

一类是专利布局数量少且转让不活跃的“双低”技术领域，包括先进电网（专利数量占比 1.2%，转让率 13.2%）、能源系统节能与能效提升（专利数量占比 2.9%，转让率 10.4%）和化石能源燃烧发电与供热（专利数量占比 0.7%，转让率 13.4%）。其中，前两者属于新兴技术领域，技术研发属于起步阶段，可能尚处于技术“量变”阶段，总体技术成熟度较低、突破性关键技术较少，产业化应用差距相对较大，这两个领域需首先加大技术研发力度。而后者属于传统能源直接利用领域，相对于能源深度利用和其他新兴技术附加值低，相关低碳利用的技术研发存在一定的难度。

另一类如低碳建筑技术领域，专利申请布局相对较活跃（专利数量占比 6.4%），但转让率仅为 11.2%。作为低碳技术与终端应用领域的融合，低碳建筑属于新兴技术和产业，其专利布局数量比较可观，说明该领域已具备一定的技术积累，但技术成熟度和工业化应用潜力尚未被深度开发，相对于技术发展的“质变”阶段还有一定距离。未来，随着技术积累的不断丰富和突破性关键技术的产生，低碳建筑领域技术转移转化热度将有所提升，有望进入技术-产业循环促进的良性发展局面。

1.6.1.2　专利转让活跃地

从洁净能源领域全球专利转让活跃地分布（图 1-13）来看，美国是洁净能源领域专利转让活动最活跃的地区，专利转让数量占申请数量的比重较高。其次为欧洲专利局和日本。在大部分洁净能源技术领域，中国的专利转让数量仅次于美国，但相对于专利申请总量的转让率则远远低于美国、日本和欧洲专利局，尤其是在核电及核能非电利用、氢能及燃料电池、能源互联网、二氧化碳捕集与转化利用等技术领域。数据显示，中国在洁净能源领域已具备丰富的技术积累和强劲的研发热度，但技术成熟度整体不高，且产业建设相对不完善，缺乏有力的产业化依托和配套孵化。因此，中国须在保持洁净能源领域技术研发热度的同时，加速对专利技术转移转化潜力的挖掘，优先推进一批具备高应用价值的先进技术在业内龙头企业中实现推广。

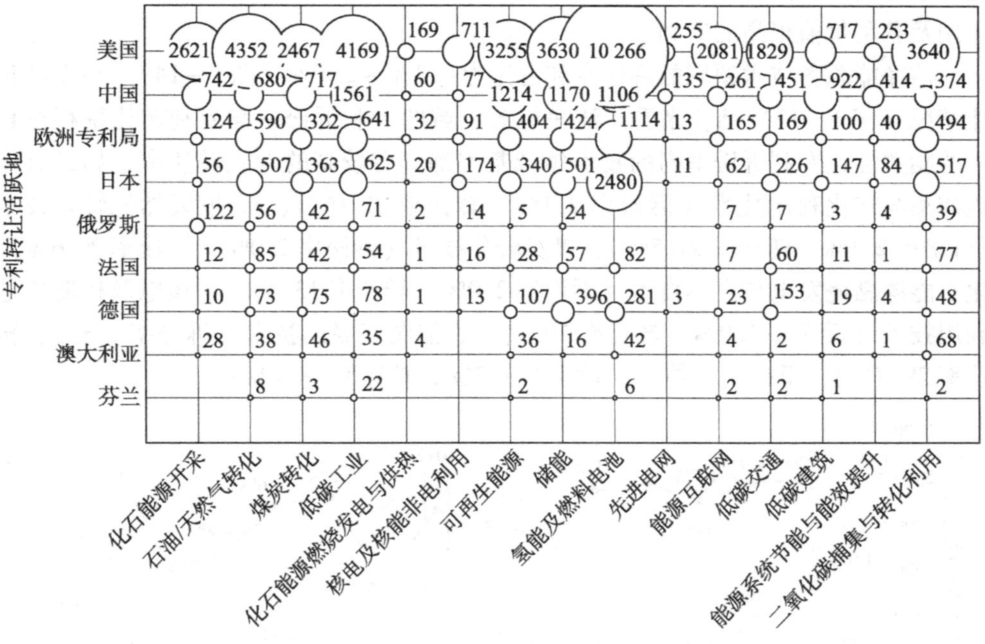

图 1－13 洁净能源领域全球专利转让活跃地分布（单位：件）

在大多数洁净能源技术领域，专利转让活动表现最活跃的国家/地区依次为美国、中国、日本和欧洲。不过，一些技术领域也有特殊表现，如低碳建筑、能源系统节能与能效提升技术领域，中国表现最活跃，专利转让数量超出美国。作为专利技术布局早期的领跑者，日本在氢能及燃料电池、二氧化碳捕集与转化利用技术领域的专利转让活动较活跃。欧洲在氢能及燃料电池、石油/天然气转化、低碳工业、可再生能源、储能、二氧化碳捕集与转化利用领域专利转化活动相对较活跃。

1.6.2 专利诉讼活动

1.6.2.1 专利诉讼活跃技术

专利诉讼是指所有关于专利权争议的诉讼，主要包括专利权属诉讼（涉及一项专利申请权或专利权最终归属的诉讼）、侵权诉讼（专利权人因专利权受非法侵害而引发的诉讼）、合同诉讼（不履行或部分履行专利实施许可合同或专利转让合同而引发的诉讼）等类型。专利诉讼反映出专利技术的商业价值，涉诉专利往往是对于专利权人而言重要性很高的专利（如标准专利或基础专利等）或是商业化应用及获利价值很高的专利。

洁净能源各技术领域的诉讼专利占比为0.3%～2.1%（图1－14）。与专利转让情况（图1－12）结合来看，洁净能源领域的专利诉讼率与专利转让率存在较大的相关性，专利诉讼率高的技术领域基本都具有较高的专利转让率，如二氧化碳捕集与转化利用技术（诉讼率2.1%、转让率21.1%）、石油/天然气转化技术（诉讼率2.1%、转让率21.5%）、煤炭转化技术（诉讼率2.0%、转让率20.6%）、化石能源燃烧发电与供热技术（诉讼率2.0%、转让率13.4%）、核电及核能非电利用技术（诉讼率1.9%，转让率19.1%）、能源互联网技术（诉讼率1.8%、转让率29.8%）、低碳工业技术（诉讼率1.7%，转让率18.1%）。

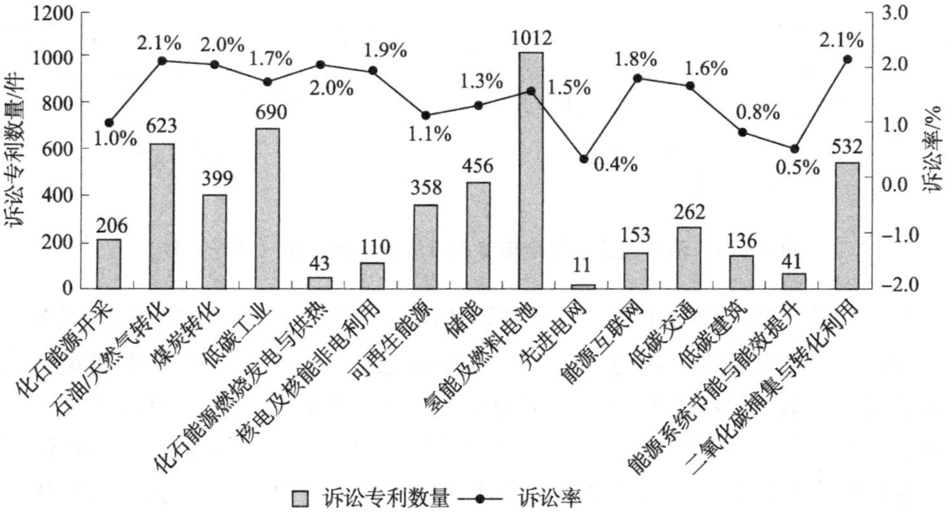

图1－14 洁净能源领域全球专利诉讼活跃技术分布

可见，上述技术领域中，具备良好产业化前景和商业化价值的专利比例较高，这部分专利技术在实现转移转化后将促进相关产业的进步，形成技术孵化产业、产业反哺技术的良性循环发展态势。相应地，专利诉讼率较低的技术领域，转让率也处于较低水平，包括先进电网技术（诉讼率0.4%，转让率13.2%）、能源系统节能与能效提升技术（诉讼率0.5%、转让率10.4%）、低碳建筑技术（诉讼率0.8%、转让率11.2%）。反映出这些技术领域中高商业价值、高应用潜力的专利较少，相应地，高价值和关键技术的支撑较缺乏。

1.6.2.2　专利诉讼活跃地

全球洁净能源领域专利诉讼活跃地主要是美国、日本、巴西、欧洲专利局和韩国（图1－15）。值得注意的是，中国尽管在大部分技术领域的专利申请数量遥遥领先，但专利诉讼活动发生整体较少。与中国情况相似的是俄罗斯，在化石能源开采技术领域的专利申请数量仅次于美国，也是化石能源开采技术创新主体的重要的专利市场布局国家，但俄罗斯在该领域的涉诉专利数量明显低于美国和巴西。

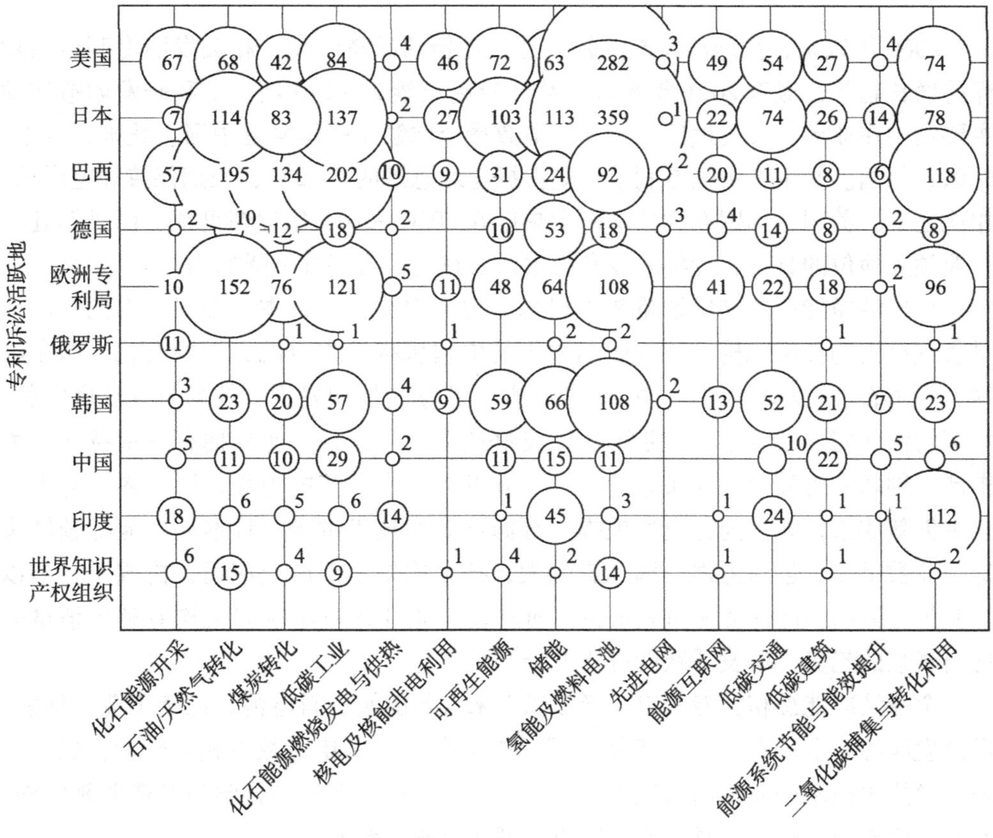

图1－15　洁净能源领域全球专利诉讼活跃地分布（单位：件）

从各地涉诉专利发生的技术领域来看，日本、美国是氢能及燃料电池技术专利诉讼活动高发地；巴西是低碳工业技术、石油/天然气转化技术、煤炭转化技术专利诉讼高发地；欧洲是石油/天然气转化技术、低碳工业技术、氢能及燃料电池技术专利诉讼高发地。

从专利诉讼活动频率及地点分布情况来看，化石能源燃烧发电与供热技术、核电及核能非电利用技术、先进电网技术、能源互联网技术、低碳建筑技术、能源系统节能与能效提升技术等领域的专利诉讼活动较少且发生地点分散，推测是由于目前这些领域的技术及产业区域集中化程度还不高。相对而言，石油/天然气转化技术、煤炭转化技术、低碳工业技术、可再生能源技术、储能技术、氢能及燃料电池技术、低碳交通技术、二氧化碳捕集与转化利用技术等领域专利涉诉活动高发，且多集中发生在美国、巴西、日本及欧洲等地，推测这些技术领域中大量高价值度专利掌握在美国、巴西、日本及欧洲国家手中，这些专利技术商业化价值高，便于专利权人构建专利技术壁垒。

1.7 小结

2000 年以来，全球洁净能源领域处于创新活跃持续期，相关发明专利申请量保持增长趋势，截至 2021 年 8 月，共计专利家族 230 240 项。专利研发创造活动主要集中在亚洲、北美地区，专利申请数量全球领先的国家是中国、美国、日本、韩国、德国。其中，中国专利申请量占据全球总量的 44.2%，长期保持高速增长。相比之下，美国、韩国专利技术研发热度在 2010—2015 年逐渐见顶，而早期处于行业领先地位的日本，近年来专利技术研发热度呈现持续下降的趋势。

全球洁净能源专利申请量领先机构主要来自中国、日本、韩国，未见有申请量表现突出的美国机构。跻身国际领先的中国机构有中科院、中国石化、国家电网、中国石油、清华大学、中国矿业大学，产学研协同发力，技术研发热度空前。中国的洁净能源领域已经初步形成了良好的创新生态，产业界拥有一批技术积累丰沛、创新实力强劲的龙头企业，技术开发与技术承接能力强，科技界掌握大量自主创新成果，能够为行业发展提供源源不断的技术供给。日本洁净能源领域头部企业数量多、创新力强、国际影响大，技术成果贴近产业应用，构成了日本以企业为主体的洁净能源领域良好的产业生态。近年来日本领先机构专利申请量呈现出衰减的趋势，研发活跃度有所下降。

全球洁净能源相关专利申请半数以上来自氢能及燃料电池、低碳工业、储能、可再生能源 4 个技术领域。其余 10 余个技术领域专利申请数量相对较低，提示未来洁净能源技术的应用尚有较大可拓展空间，除业已熟知的化学品制造业领域外，农业、建筑业、交通等领域也有待更深度地渗透与融入。

中国具备显著专利数量优势的技术有：能源系统节能与能效提升、低碳建筑、先进电网、化石能源燃烧发电与供热、可再生能源、储能。美国在大部分技术领域的专利数量都仅次于中国。日本的专利数量优势主要表现在氢能及燃料电池技术、低碳工业技术、储能技术、可再生能源技术。俄罗斯主要是化石能源开采技术。各国的优势技术领域也是全球专利申请人在选择专利技术市场布局目标地时的重要参考。

洁净能源相关专利申请存活率总体较高，各技术领域申请存活率为 40% ~ 70%。研发热度高、高价值专利技术积累较丰富的技术领域依次是先进电网、能源互联网、低碳交通、能源系统节能与能效提升、化石能源燃烧发电与供热、核电及核能非电利用、化石能源开采等。专利失效占比相对较高、维持水平相对较低的技术领域依次是氢能及燃料电池、可再生能源和低碳建筑。

洁净能源相关专利转让活动最活跃的技术领域是能源互联网、氢能及燃料电池、石油/天然气转化、二氧化碳捕集与转化利用。其中，氢能及燃料电池技术领域的研发热度高、技术积累丰富、转化关注度高，属于技术研发与转移转化并重的领域。专利转让率相对较低的技术领域有先进电网、能源系统节能与能效提升、化石能源燃烧发电与供热。

洁净能源相关专利转让活动最活跃的国家/地区是美国、中国、日本和欧洲。美国是大多数技术领域专利转让活动的最活跃地。其余地区在个别技术领域的转让活动表现突出，如中国在低碳建筑技术领域、能源系统节能与能效提升技术领域；日本在氢能及燃料电池技术领域、二氧化碳捕集与转化利用技术领域；欧洲在氢能及燃料电池、石油/天然气转化、低碳工业、可再生能源、储能、二氧化碳捕集与转化利用等技术领域。

洁净能源领域专利诉讼率与专利转让率的相关性较高，诉讼率、转让率“双高”的技术领域有二氧化碳捕集与转化利用、石油/天然气转化、煤炭转化、化石能源燃烧发电与供热、核电及核能非电利用、能源互联网、低碳工业等，显示了领域内具备良好产业化前景和商业化价值的专利比例较高。专利诉讼率、专利转让率“双低”的技术领域有先进电网、能源系统节能与能效提升、低碳建筑，这些领域中高商业价值、高应用潜力的专利相对较少，缺乏高价值度和关键专利技术支撑。

全球洁净能源领域专利诉讼多发生在美国、日本、巴西、欧洲和韩国。中国专利申请数量领先，但专利诉讼活动较少。日本、美国是氢能及燃料电池技术专利诉讼高发地；巴西是低碳工业技术、石油/天然气转化技术、煤炭转化技术专利诉讼高发地；欧洲是石油/天然气转化技术、低碳工业技术、氢能及燃料电池技术专利诉讼高发地。

第 2 章　煤制乙醇技术专利态势

自 2000 年 1 月 1 日起截至检索日[1]，煤制乙醇技术全球相关专利家族共计 3039 项，含专利申请共计 5029 件。

2.1　专利申请时间趋势

煤制乙醇技术全球专利申请数量整体呈增长趋势（图 2－1）[2]。2000—2004 年，煤制乙醇技术全球专利申请数量较少，直到 2010 年一直处于缓慢增长的阶段。2011 年，全球专利申请数量发生跨越式增长，当年申请量 262 项，此后一直保持年申请数量 190 项左右。2016—2020 年，全球相关专利申请保持较活跃状态，但无明显增长趋势。

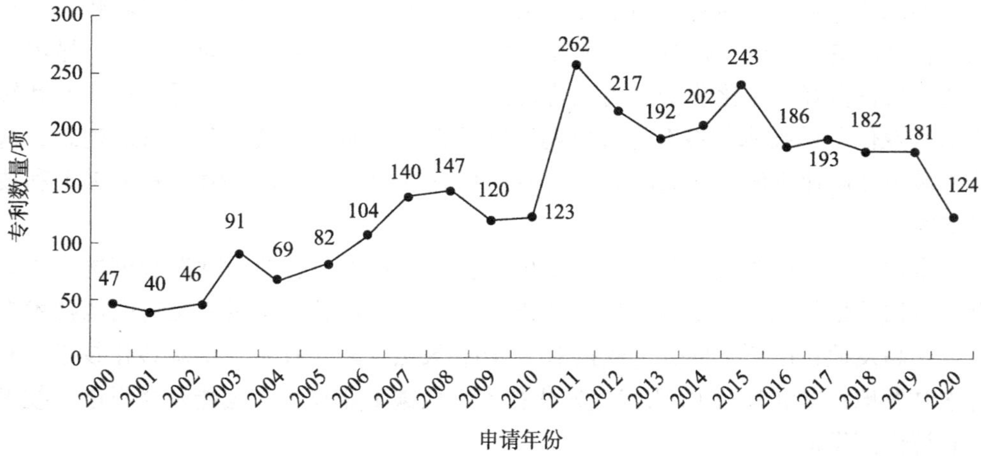

图 2－1　煤制乙醇技术全球专利申请趋势

---

[1] 检索日期：2021 年 8 月。

[2] 因专利申请公开存在最长 18 个月的时滞，2020 年、2021 年的专利申请数量仅供参考。

2.2　专利技术策源地

煤制乙醇技术全球领先的专利技术策源地分布特点（图 2－2）显示，中国、美国、印度、英国和日本是全球煤制乙醇技术研发与创新的主要策源地。其中，以中国和美国申请人对煤制乙醇领域的技术创新关注度较高且专利产出较多，尤其是中国，全球领先优势明显。

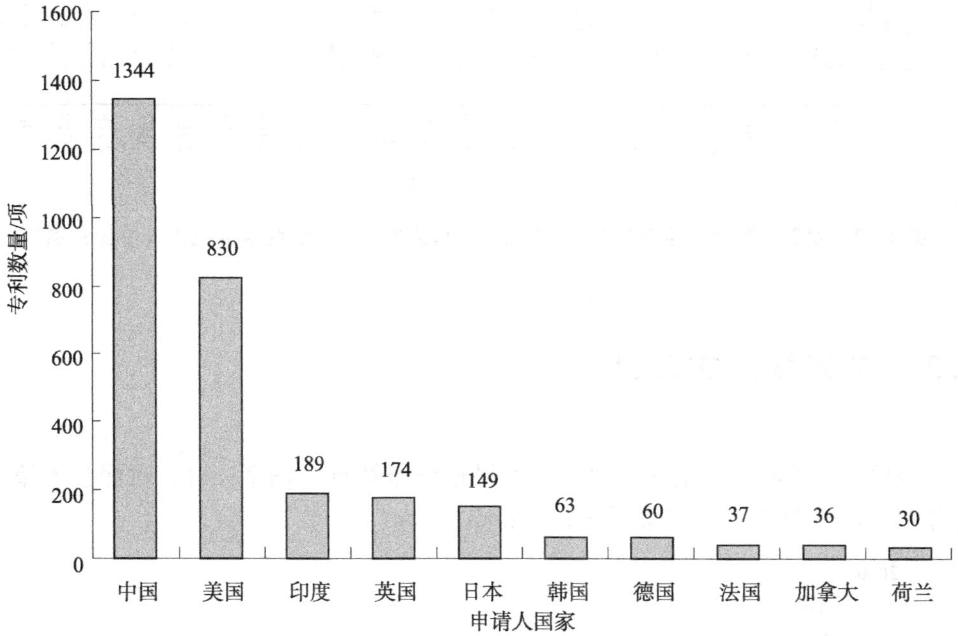

图 2－2　煤制乙醇技术全球领先的专利技术策源地分布

各技术策源地的专利申请趋势（图 2－3）可反映出下述主要特点：

（1）美国是全球煤制乙醇技术的先行者。在早期阶段（2000 年前后），美国煤制乙醇技术专利申请较其他国家活跃，并且美国是最早的年度专利申请数量超过百项的国家，2011 年度达到 146 项。但自 2012 年起至今，美国相关专利申请呈现下降趋势，可能是在该领域的技术已较为成熟或是关注度有所降低。

（2）中国是煤制乙醇技术研发最活跃的国家。2015 年度中国的相关专利申请数量过百，达到 134 项，至今中国对该领域持续关注，一直保有较高的相关专利申请量。

（3）其他国家的关注程度相对不高。印度和日本 2016—2020 年的煤制乙醇技术相关专利申请数量维持在每年 10 项左右的水平；英国 2016—2020 年出现与美国相似的下降趋势，年度申请数量不足 5 项。

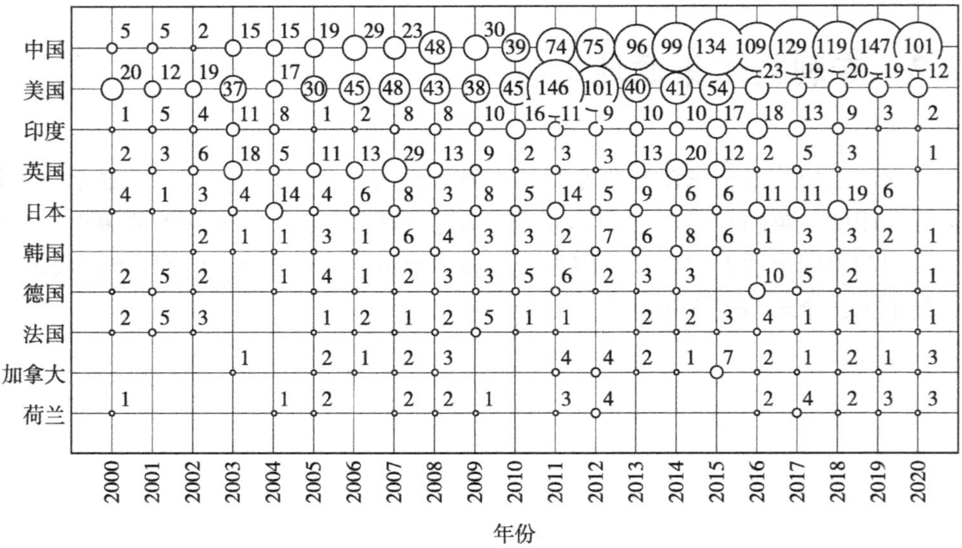

图 2－3　煤制乙醇技术全球排名前 10 位的专利技术策源地专利申请趋势（单位：项）

2.3　专利技术布局地

分析煤制乙醇技术全球专利技术布局地分布特点（图 2－4），对照技术策源地分布特点（图 2－3）可以看出以下特点。

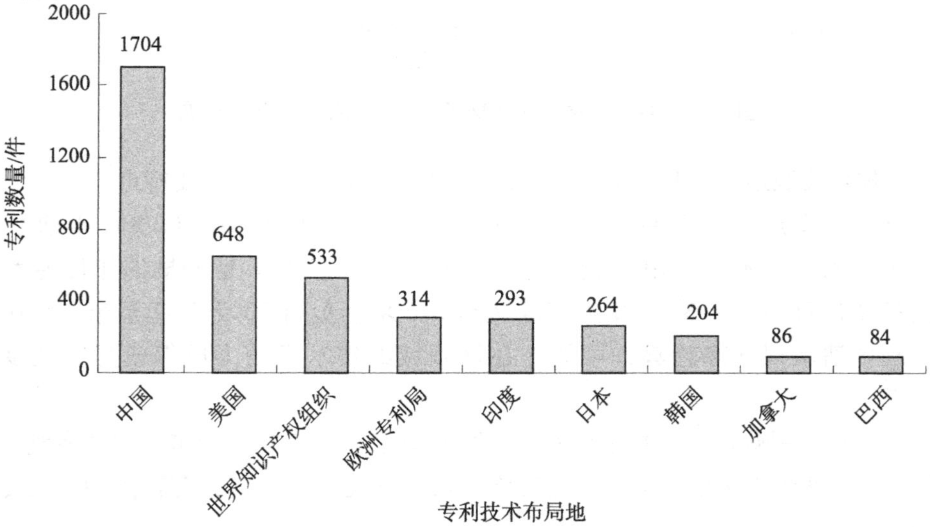

图 2－4　煤制乙醇技术全球排名前 9 位的专利技术布局地

中国不仅是煤制乙醇技术专利研发产出最多的国家，还是全球专利申请人进行相关专利布局最多的重要目标技术市场，显示出中国的煤制乙醇技术市场颇受全球青睐。

美国、欧洲、印度、日本和韩国也是国际专利技术布局的重要市场。

从全球相关专利布局趋势（图 2－5）可以看出：

（1）中国作为全球煤制乙醇技术最主要的市场，自 2011 年起相关专利布局数量剧增，2015 年达到 145 件；随后几年，尽管其他国家（地区、组织）的申请人的专利申请数量有所下降，但结合美国等主要国家的申请人的专利申请趋势出现下降的现象发现，海外申请人对中国市场的技术布局主要集中在 2011—2012 年前后。

（2）较多国际申请通过世界知识产权组织途径提出。

（3）欧洲也是全球煤制乙醇专利技术布局的重要市场，但专利布局活动主要集中在 2011 年前后，近年来专利布局数量显著减少；印度、日本和韩国也是长期受到国际关注的主要的专利技术布局市场。

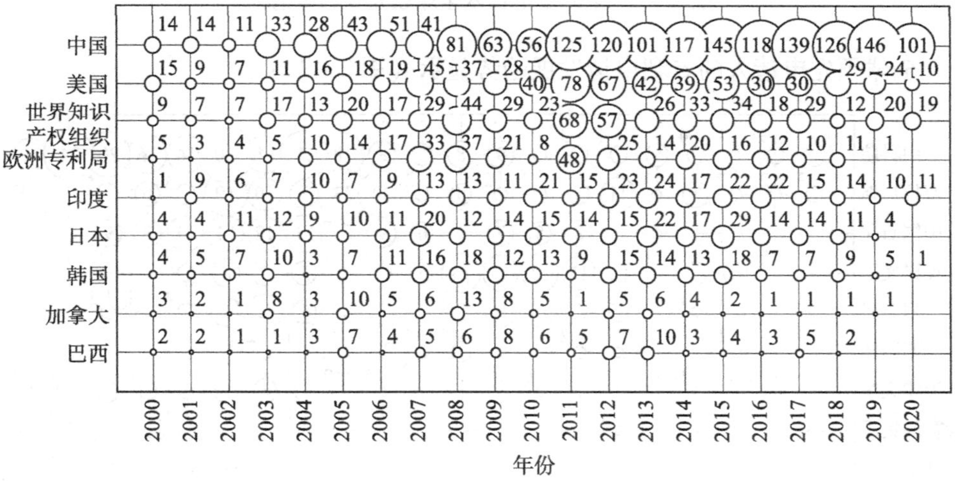

图 2－5　煤制乙醇技术全球专利布局地专利布局趋势（单位：件）

2.4　领先研发主体

2.4.1　领先专利申请人

煤制乙醇技术领域专利申请数量最多的前 10 位申请人机构是全球煤制乙醇技术领域的主要研发竞争者（图 2－6）。

中科院的煤制乙醇相关专利申请数量遥遥领先于其他申请人，共有 226 项，其中，对煤制乙醇专利技术做出贡献较大的研究机构主要是中科院大连化物所（110 项）、中科院山西煤化所（42 项）、中科院化学所（37 项）。

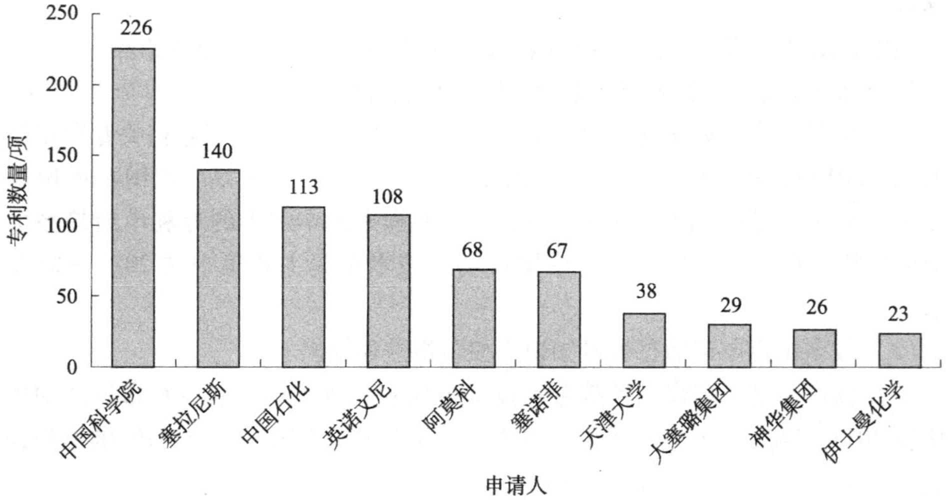

图 2-6　煤制乙醇技术全球领先专利申请人

全球领先申请人的专利申请发展趋势显示（图 2-7）：

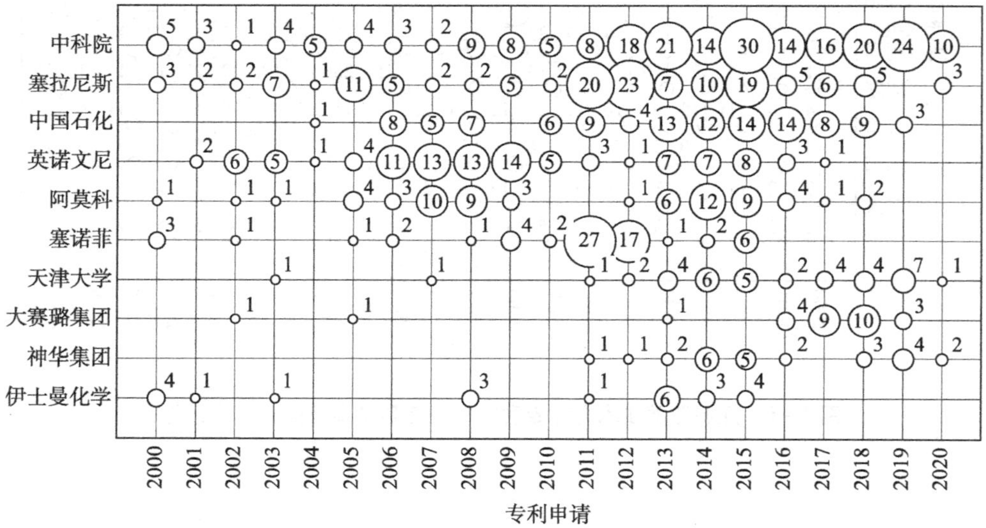

图 2-7　煤制乙醇技术全球领先专利申请人专利申请发展趋势（单位：项）

（1）中科院自 2012 年至 2020 年，一直保持着较为活跃的专利申请活动。在近 5 年中，专利申请活跃度较高的申请人还有大赛璐集团、天津大学。

（2）总体而言，煤制乙醇技术领域有近一半的领先申请人在 2016—2020 年专利申请活动并不活跃。位于全球申请量第 2 位的企业塞拉尼斯，专利申请活跃期在 2011—2015 年，此后申请数量显著减少；位于全球第 4 位的英诺文尼，专利申请活跃期在 2006—2009 年，此后申请量维持在较低水平。

2.4.2　活跃专利申请人

2016—2020 年煤制乙醇技术全球专利申请数量最多的前 10 位申请人如图 2-8 所示。其中，南京延长院、大赛璐集团与沈阳化工大学 2016—2020 年相关专利申请数量分别占各自相关专利申请总量的 100.0%、89.7%、82.4%，相关专利申请活跃度较高，反映了 3 家单位近年对煤制乙醇技术研发的高度关注与投入。

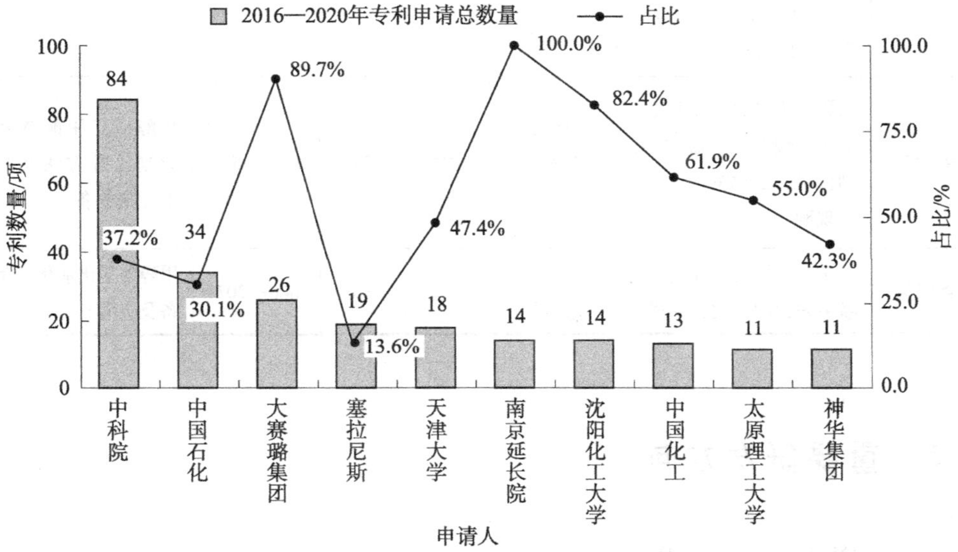

图 2-8　2016—2020 年煤制乙醇技术全球活跃专利申请人

2.4.3　主要发明人团队

全球煤制乙醇技术专利研发产出申请最多的发明人团队主要有来自美国塞拉尼斯的马克·斯凯茨（Mark O Scates）团队和维克多·约翰斯顿（Victor J Johnston）团队，以及中科院大连化物所的刘中民团队、中科院化学所的袁国卿团队。

4 个发明人团队的主要团队成员、技术研发方向见表 2-1。

表 2-1　煤制乙醇技术全球专利主要发明人团队及其研发方向　（单位：项）

代表性研发人员	发明人团队主要成员	所属机构	国别	专利申请量	专利申请活跃时间	专利技术方向
Mark O Scates	Ronald D Shaver, Paull G Torrence, Liu Yaw Hwa, Raymond J Zinobile, David A Trueba, James H Zink	塞拉尼斯	美国	123	2000—2020	甲醇羰基化反应制备乙酸等化合物的方法及催化剂制备

续表

代表性研发人员	发明人团队主要成员	所属机构	国别	专利申请量	专利申请活跃时间	专利技术方向
Victor J Johnston	R Jay Warner, David Lee, Heiko Weiner, Lincoln Sarager, Radmila Jevtic, Adam Orosco, Zhou Zhenhua, Radmila Wollrab, Trinity Horton	塞拉尼斯	美国	101	2011—2015	醋酸加氢制乙醇
刘中民	田鹏，朱文良，刘红超，刘勇，倪友明，孟霜鹤，刘世平，王林英，马现刚	中科院大连化物所	中国	55	2010—2019	甲醇或二甲醚羰基化制乙醇方法及其催化剂制备
袁国卿	钱庆利，闫芳，李峰波，潘平来，闫丰文，邹瑾	中科院化学所	中国	36	2000—2021	甲醇羰基化催化剂制备及应用

2.5 重要研发方向

2.5.1 专利技术构成

全球煤基甲醇制乙醇相关专利申请共计3039项。专利技术构成体现了重要研发方向。专利技术构成主要特点如图2-9所示❶。

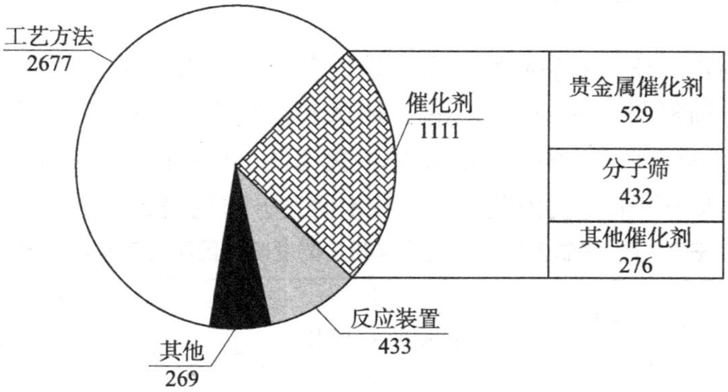

图2-9 煤制乙醇技术全球专利技术构成（单位：项）

❶ 一项专利技术可能涉及多个技术创新特征，会重复列入多个技术方向，因此各技术构成方向专利数量加和大于专利总量。

（1）工艺方法是煤制乙醇技术专利研发的主要方向，共有 2677 项相关专利申请，内容主要涉及合成路线的研究，包括 C2 含氧化合物、甲醇羰基化制乙酸加氢制乙醇、二甲醚羰基化制乙酸甲酯加氢制乙醇等工艺。

（2）针对催化剂的研发是次重要的研究方向，共有 1111 项相关专利申请。其中，贵金属催化剂，如铑基、铱基催化剂是研究最多的催化剂类型，共有 529 项相关专利申请；针对分子筛的研究主要包括 MOR 型丝光沸石分子筛等，共有 432 项专利申请；其他如铁、碳化钼催化剂、催化剂载体、催化剂活化与再生等的研究，共有 276 项专利申请。

（3）反应装置也是煤制乙醇技术领域较受关注的专利技术研发方向，共有 433 项相关专利申请，主要涉及反应器、流化床、分离器等研究。

（4）其他研发方向有 269 项相关专利，约占煤制乙醇技术专利产出量的 9%，主要涉及煤制乙醇汽油（乙醇的应用）、混合燃料电池（含乙醇）、废液处理等。

各研发方向相关专利申请发展趋势（图 2－10）显示，工艺方法相关研发受到持续关注，催化剂研发热度近几年有所降低，反应装置方面近期可能出现研发热潮。

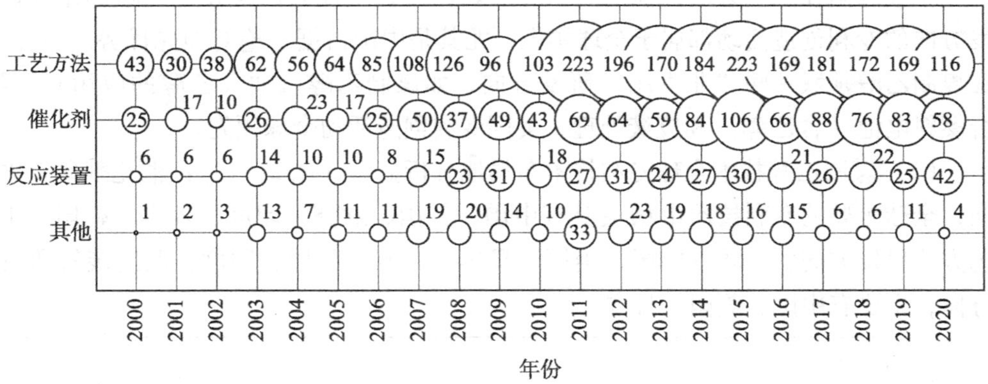

图 2－10　煤制乙醇技术全球专利技术构成发展趋势（单位：项）

（1）工艺方法研发方向。相关专利年度申请量在 2011 年、2015 年两度达到峰值，为 223 项，至今仍然保持着较活跃的申请态势。

（2）催化剂研发方向。相关的专利申请数量在 2015 年达到峰值，为 106 项，之后专利申请数量有所下降，但年度申请数量仍然保持在 80 项左右的水平。

（3）反应装置研发方向。相关专利数量较少，但 2020 年度申请量在目前尚未完全公开的情况下达到 42 项，已创新高，反映该研发方向的创新关注度与活跃度出现提升。

2.5.2　专利地域分布

（1）煤制乙醇技术全球专利技术策源地分析显示（图 2－11），工艺方法研发方向，全球专利技术策源地主要是中国、美国、印度、英国与日本；催化剂研发方向，主要是中国、美国、英国；反应装置研发方向，主要是中国、美国、日本。

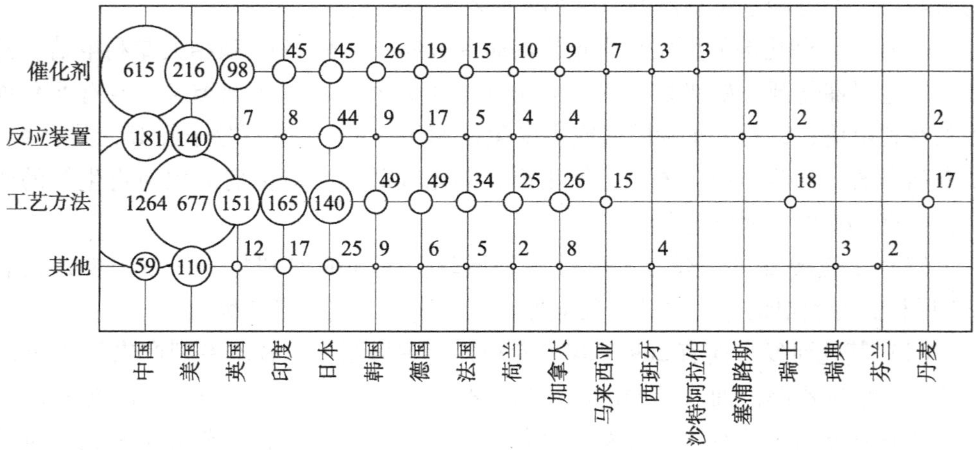

图 2-11　煤制乙醇技术全球专利技术构成策源地技术构成分布（单位：项）

中美两国在工艺方法、催化剂和反应装置这 3 个煤制乙醇技术领域的重要研发方向的专利创造活动都居于全球领先，尤其是中国占据了绝对领先优势。另外，在煤制乙醇领域一些“非主流”研发方向，如煤制乙醇汽油（乙醇的应用）、混合燃料电池（含乙醇）和废液处理，美国专利创造活动全球领先。

（2）煤制乙醇技术全球专利技术布局地分析显示（图 2-12）：催化剂研发方向，全球重要的专利技术市场主要有中国、美国、欧洲、印度、日本、韩国；工艺方法研发方向，主要有中国、美国、日本、欧洲、韩国、印度；反应装置研发方向，主要有中国、美国、日本。

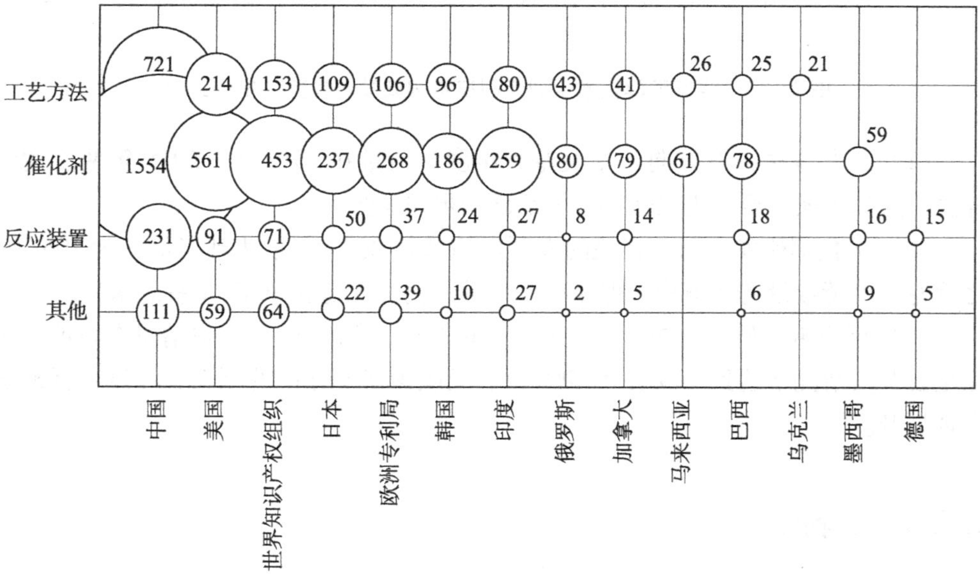

图 2-12　煤制乙醇技术全球专利技术构成布局地技术构成分布（单位：件）

总体而言，煤制乙醇技术专利布局地集中在亚洲、北美、欧洲。中国、美国、欧洲、印度、日本与韩国是受全球高度关注的重要技术市场。世界知识产权组织、欧洲专利局平台是全球相关创新主体在部署国际、区域专利布局时使用率较高的重要专利申请途径。

2.5.3　领先专利申请人

在催化剂研发方向，全球领先专利申请人主要是中科院、英诺文尼、中国石化和阿莫科；在工艺方法研发方向，全球领先专利申请人主要是中科院、塞拉尼斯、中国石化、英诺文尼、阿莫科和赛诺菲；在反应装置研发方向，全球领先专利申请人主要是塞拉尼斯、中国石化等。

中国专利申请人在反应装置研发方向拥有较大影响力，该方向重要的中国申请人还包括：中科院、南京延长院、华谊集团、神华集团、新奥科技、天津大学等。详见图2－13。

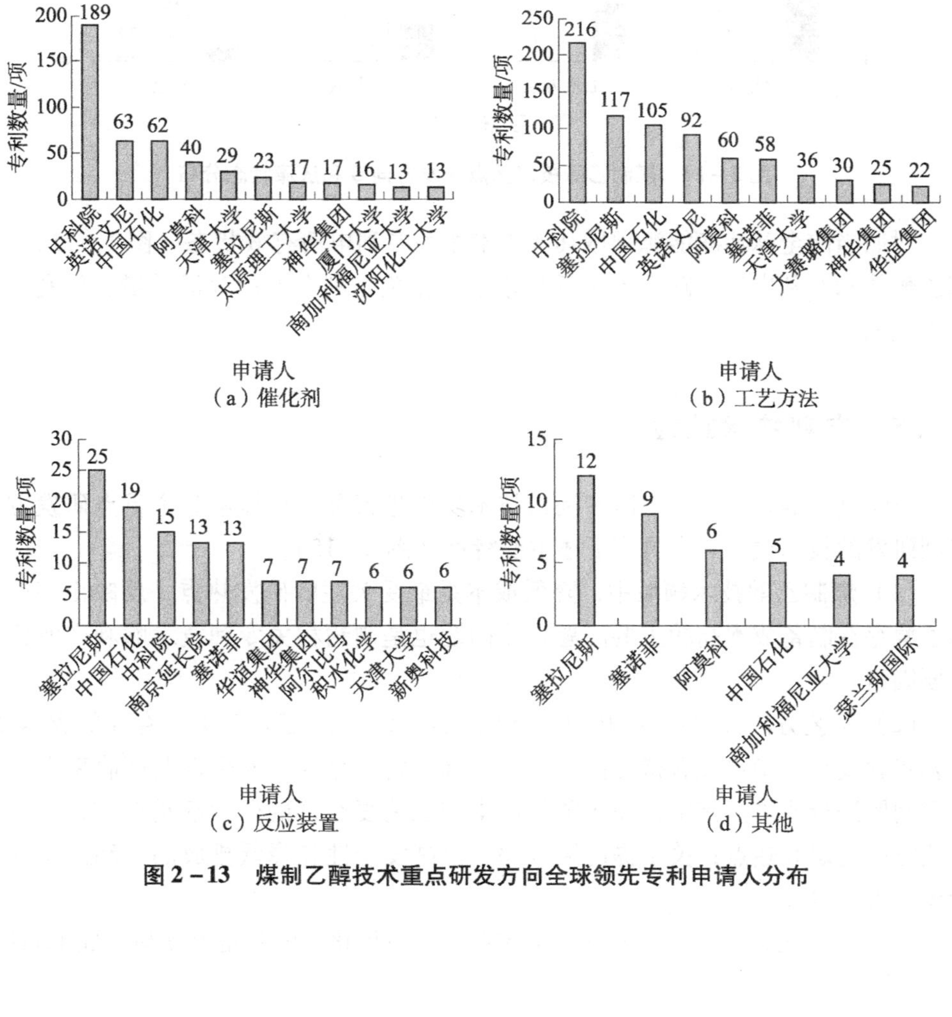

图2－13　煤制乙醇技术重点研发方向全球领先专利申请人分布

2.5.4 专利有效性

工艺方法、催化剂、反应装置3个重点研发方向的专利申请当前活跃率都在50%左右，显示煤制乙醇技术领域近半数的专利申请已经处于失效状态，可加以借鉴或直接无偿利用。在“非主流”的其他研发方向，专利申请当前有效率更低（31.9%），失效专利申请近七成（图2-14）。

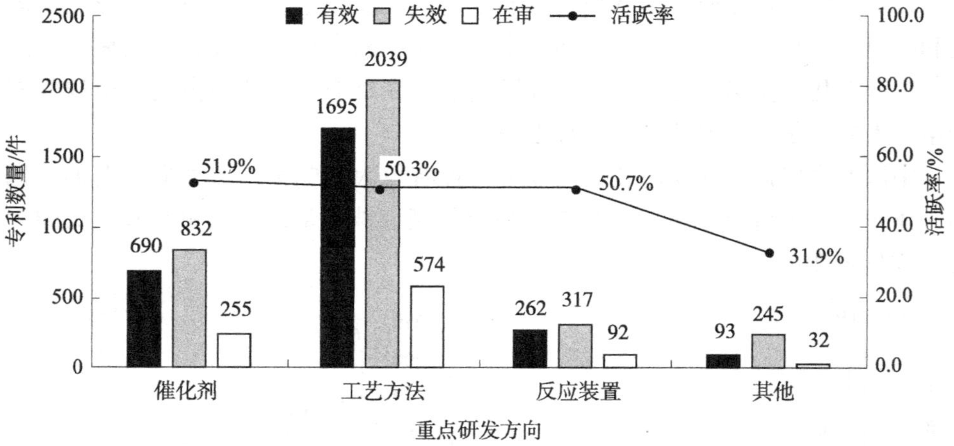

图2-14 煤制乙醇技术重点研发方向专利法律状态分布

对照当前全球洁净能源领域其他技术相关专利申请有效状态（图1-11），煤制乙醇技术专利申请活跃率处于低位水平，相关专利申请的存活质量、权利稳定性都较弱。

2.5.5 专利技术功效

对煤制乙醇技术相关中国专利的技术功效进行分析，提示3个重点研发方向专利研发的技术改进热点具有下述主要特点（图2-15）。

（1）煤制乙醇技术领域中，降低成本是最受关注的研发热点，反映出当前煤制乙醇存在制备成本高的主要问题，该问题也是制约相关专利技术顺利产业化的重要因素。

（2）工艺方法方向：专利研发活动主要涉及对煤制乙醇工艺中存在的成本高、工艺步骤复杂、稳定性有待提高、效率不高、污染排放、安全性及回收率有待提高等问题进行改进。其中，关于降低成本和工艺复杂性的研发活动最多，是工艺方法方面的研究热点；关于提高回收率、提高安全性和降低排放的专利产出相对较少，可予以关注。

（3）催化剂方向：专利研发活动主要涉及对催化剂的制备难度高、成本高昂、稳定性不足、活性不足、选择性不高等技术问题进行改进。提高催化剂寿命、提高催化效率和提高选择性的相关专利技术布局较少，未来可以重点关注这些方向的研发改进。降低制备难度和制备成本，提高稳定性、活性、选择性是当前的研发热点，专利研发布局较多，可能会令这些方向的研发活动较难获得新的改进，并且容易侵犯其他申请人的专利权。

（4）反应装置方向：专利研发活动热点主要集中在降低成本、提高效率、降低装置复杂性和降低排放等方向。提高装置安全性、提高生产纯度和产量等是当前专利研发产出较少的方向，可能存在较大的提升空间，未来可以重点关注这些方向的研发改进。

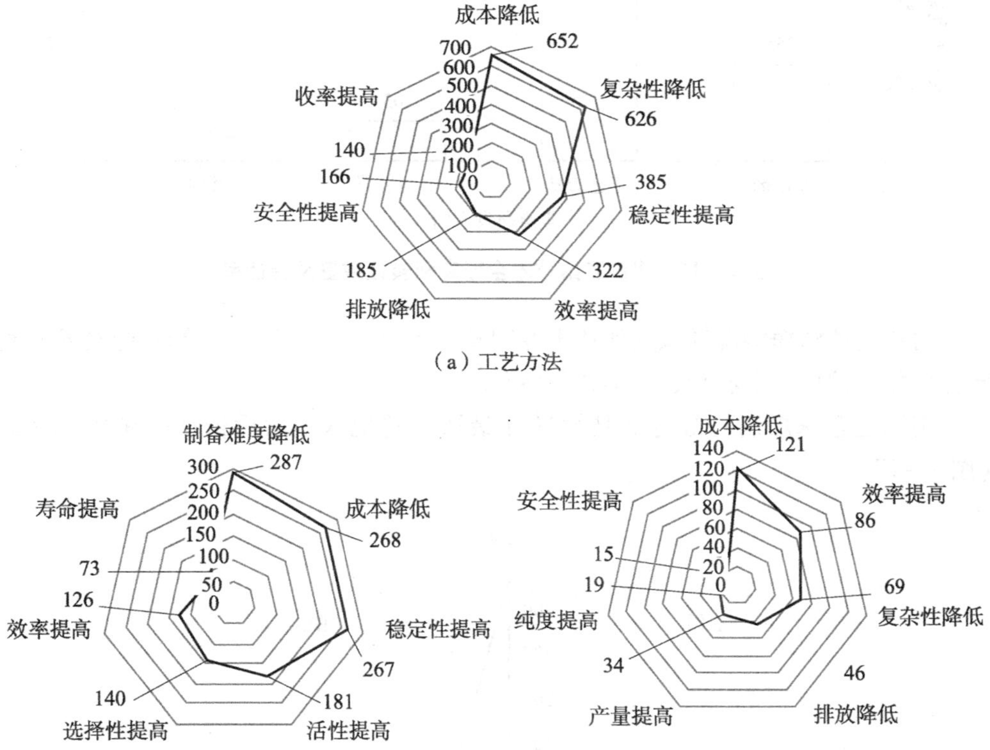

（a）工艺方法

（b）催化剂　　（c）反应装置

图 2-15　煤制乙醇技术重点研发方向中国专利技术功效（单位：件）

2.6　专利技术运营

2.6.1　专利技术转让

对煤制乙醇技术不同研发方向的专利转让数量进行分析，反映出领域内成果推广与转化、无形资产运营的热点技术方向，为判断市场成熟度、预测未来发展趋势提供重要参考。

煤制乙醇技术重点研发方向的专利转让活动显示（图2－16）：工艺方法相关专利技术转让数量最多，共有671件，转让率14.9%；其次为催化剂专利，共发生转让255件，转让率14.0%；反应装置共发生转让103件，转让率14.8%。3个主要研发方向的专利转让率相当。

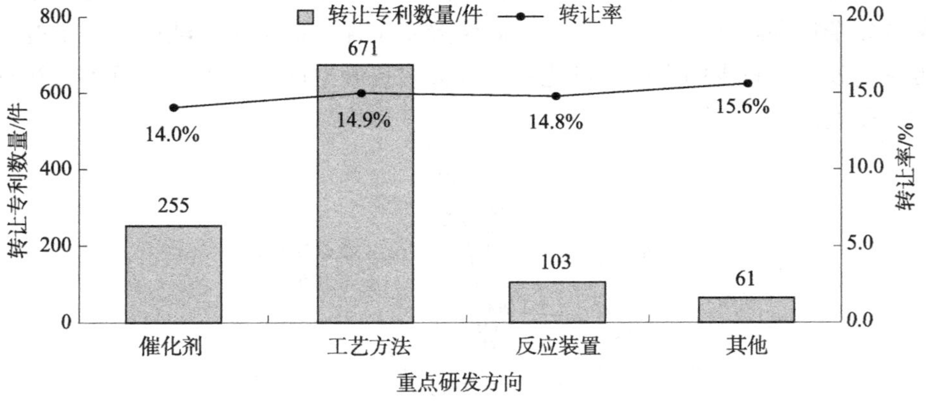

图2－16　煤制乙醇技术全球专利转让数量及转让率

对比全球洁净能源领域其他技术专利转让率（图1－12），煤制乙醇技术专利转让率相对偏低，专利转让活动并不活跃。

美国是全球煤制乙醇专利技术转让最活跃的地区，然后依次是中国、欧洲（图2－17）。

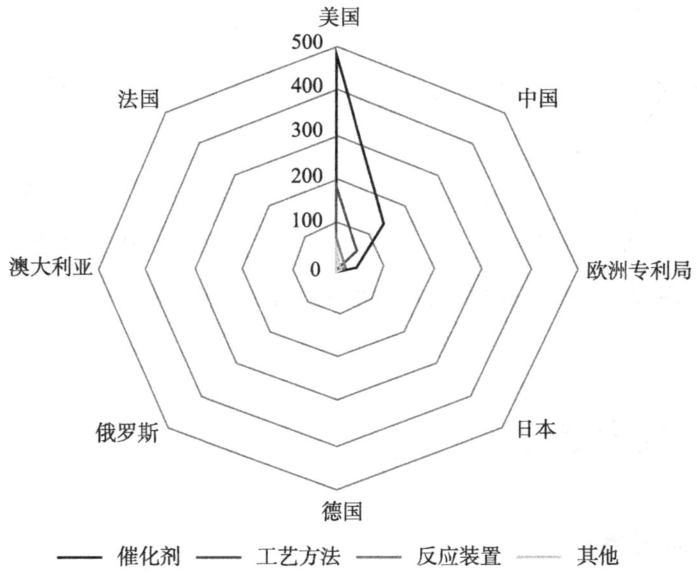

图2－17　煤制乙醇技术全球专利转让活跃地（单位：件）

为了进一步了解发生转让活动的主要专利权人，识别专利技术应用方面较为活跃的创新主体，对煤制乙醇主要研发方向的转让人进行了统计❶，如图 2－18 所示。

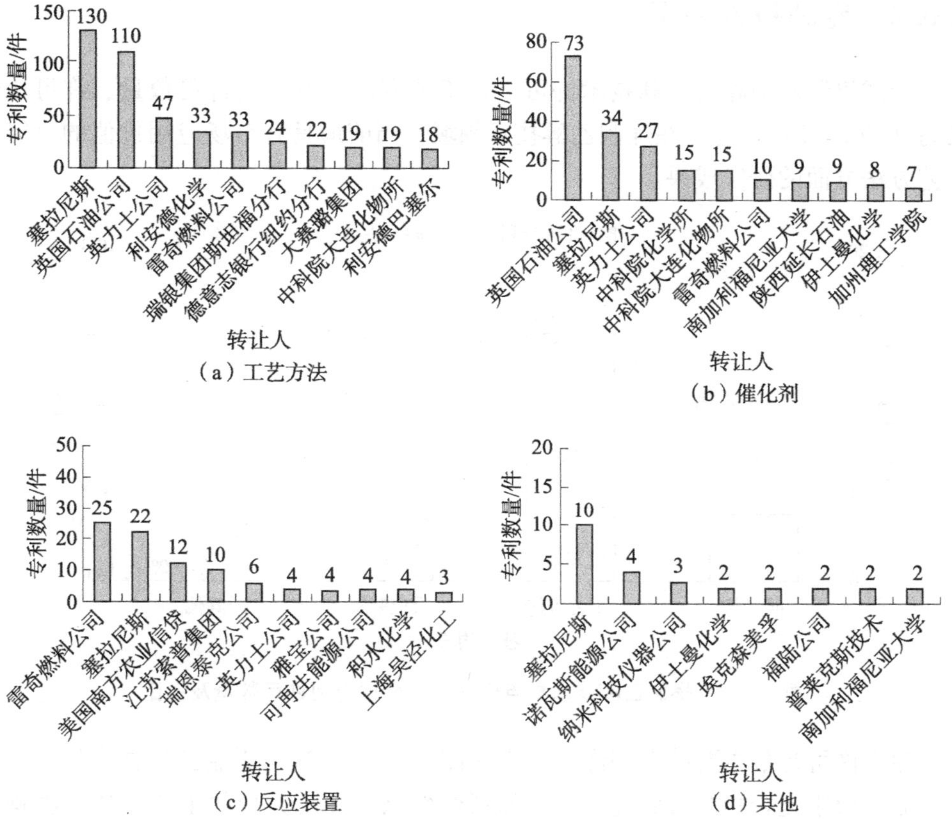

图 2－18　煤制乙醇技术重点研发方向领先转让人专利转让数量

（1）工艺方法方向，专利转让数量最多的是塞拉尼斯，共有 130 件专利发生转让。其他较为活跃的还有：英国石油公司、英士力公司、利安德化学、雷奇燃料公司、瑞银集团斯坦福分行、德意志银行纽约分行、大赛璐集团、中科院大连化物所、利安德巴塞尔。有两家专利权人为银行，涉及与银行的抵押转让业务。

（2）催化剂方向，转让数量最多的是英国石油公司，共有 73 件专利发生转让。其他较为活跃的主要还有塞拉尼斯、英力士公司、中科院化学所、中科院大连化物所、雷奇燃料公司、南加利福尼亚大学、陕西延长石油、伊士曼化学和加州理工学院。

（3）反应装置方向，雷奇燃料公司和塞拉尼斯是最活跃的转让人。此外还有美国南方农业信贷、江苏索普集团、瑞恩泰克公司、英士力公司、雅宝公司、可再生能源公司等也都较为活跃。

---

❶ 包含了专利权利转入及转出两种活动涉及的权利人。

其他研发方向，塞拉尼斯是最活跃的专利权人，另外还有诺瓦斯能源公司、纳米科技仪器公司、福陆公司、伊士曼化学、埃克森美孚等。

2.6.2 专利技术许可

全球煤制乙醇相关专利技术许可中，工艺方法类专利的许可数量、许可比例最高（图2－19），显示在煤制乙醇技术领域，当前最具有市场应用价值的可能属工艺方法方面的研发成果。

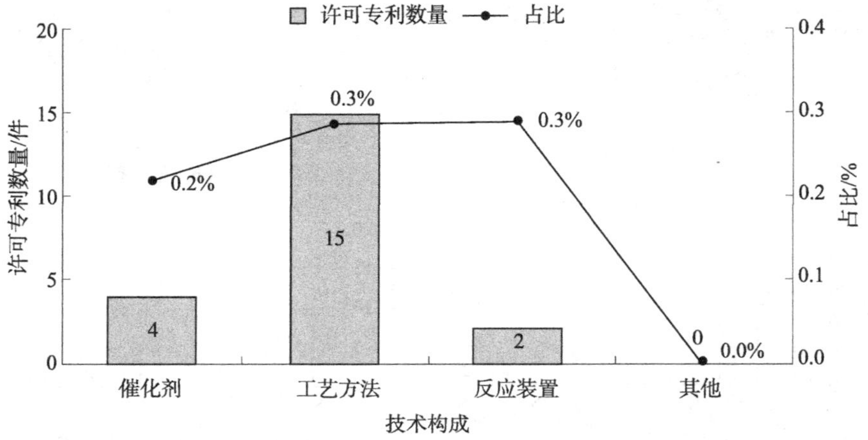

图2－19　煤制乙醇技术重点研发方向全球专利许可数量及占比

独占许可是最主要的专利许可方式（图2－20），这与煤制乙醇技术的特性密不可分。由于化合物制备研究属于试验科学领域，涉及大量的工艺参数和影响因素，且工艺的使用多在内部进行，导致相关侵权案件相较于一般产品的专利侵权案件情况更为复杂，面临发现侵权难、调查取证难、侵权对比分析难等问题，因此，普通许可、排他许可方式更容易增加后续的维权风险及难度。

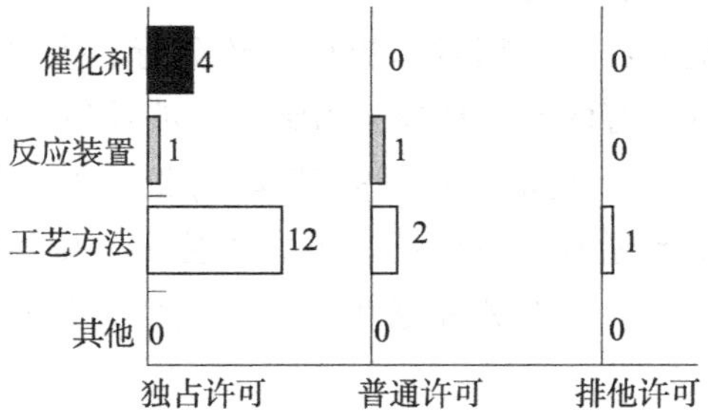

图2－20　煤制乙醇全球专利技术许可类型分布（单位：件）

2.6.3 专利诉讼活动

煤制乙醇技术领域全球涉诉专利技术构成情况显示（图2－21）：工艺方法类涉诉专利数量最多，共有158件相关专利发生了诉讼，诉讼率达3.5%；反应装置类专利的诉讼率也较高，达3.2%；催化剂类专利诉讼率相对较低，占2.9%。

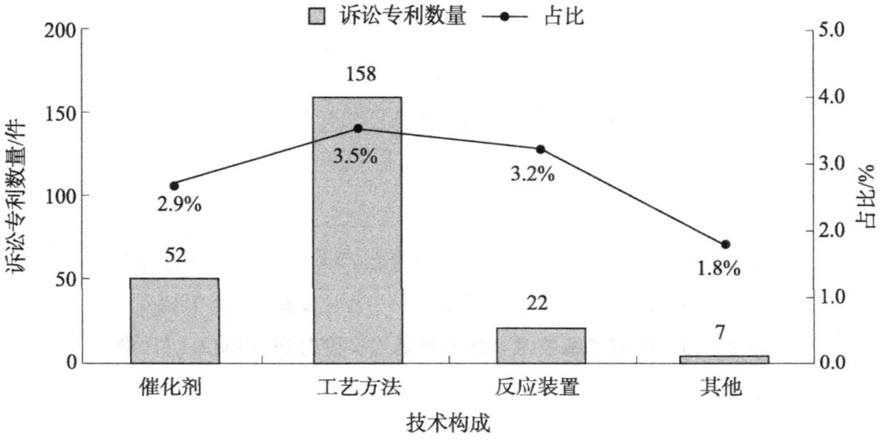

图2－21　煤制乙醇技术全球诉讼专利技术构成

对比全球洁净能源领域其他技术专利涉诉情况（图1－14），煤制乙醇技术的专利诉讼活动活跃，专利诉讼率居于高位。

煤制乙醇技术全球专利诉讼地分布情况显示（图2－22）：印度、巴西、韩国、日本是专利诉讼多发地。其中，印度、巴西两地的专利侵权行为较为严重。

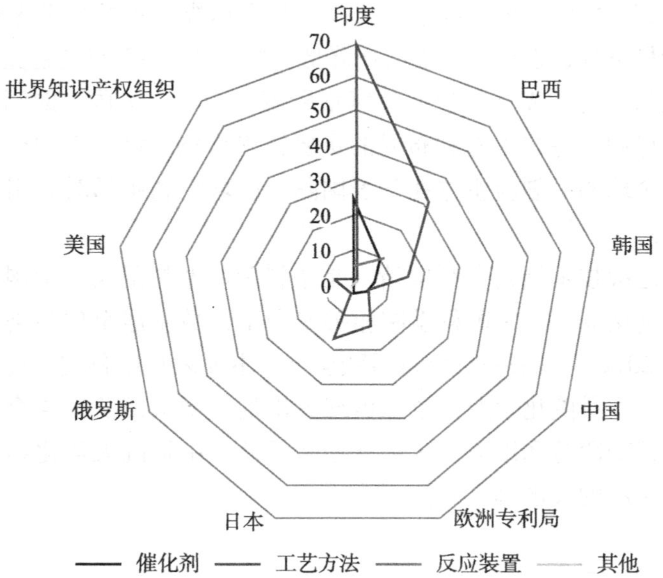

图2－22　煤制乙醇技术全球专利诉讼活跃地分布（单位：件）

无效诉讼通常是与专利侵权诉讼相关联的行为。在工艺方法类专利诉讼活动中，无效活动较为频繁（图2－23）。

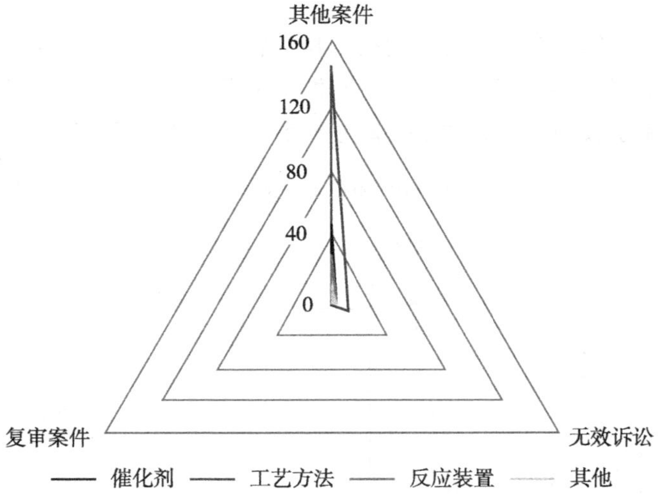

图2－23　煤制乙醇技术全球专利诉讼类型分布（单位：件）❶

2.7　小结

全球煤制乙醇技术相关专利申请活跃，自2000年迄今申请量专利家族累计3039项（含专利申请5029件）。相关专利创造活动在2011年表现出跨越式增长，2016—2020年专利申请数量保持稳定。中国、美国、印度、英国和日本是全球煤制乙醇技术专利研发的主要策源地。美国曾是全球煤制乙醇技术先行者，但2012年后专利申请量下降，近年关注度有所降低。中国于2015年赶超美国，目前相关专利数量在全球显著领先，并保有持续活跃度。中国、美国、欧洲、印度、日本和韩国是全球煤制乙醇技术专利布局的重要技术市场。世界知识产权组织、欧洲专利局平台是全球相关创新主体在部署国际、区域专利布局时利用率较高的重要专利申请途径。

全球煤制乙醇技术领先专利申请人是中科院、塞拉尼斯、中国石化、英诺文尼、阿莫科、赛诺菲等。中国科学院相关专利申请数量居全球显著领先地位，专利申请活动自2012年以来一直保持活跃至今，主要来自中科院大连化物所、中科院山西煤化所、中科院化学所。全球表现突出的发明人团队有4个：美国塞拉尼斯的马克·斯凯茨团队和维克多·约翰斯顿团队、中科院大连化物所的刘中民团队、中科院化学所的袁国卿团队。

---

❶ 其他案件类型包括驳回复审（含行政决定）、权属争议、职务发明、合同争议。

全球煤基甲醇制乙醇技术相关专利主要涉及工艺方法、催化剂和反应装置 3 个研发方向。其中：①工艺方法是当前煤制乙醇技术专利研发的主要方向，研发内容主要涉及 C2 含氧化合物、甲醇羰基化制乙酸加氢制乙醇、二甲醚羰基化制乙酸甲酯加氢制乙醇等工艺；技术改进热点主要是降低成本、降低工艺复杂性。②催化剂方向的专利研发主要涉及贵金属催化剂、分子筛等；技术改进热点主要是降低制备难度、降低成本、提高稳定性、活性及选择性。③反应装置方向的专利研发主要涉及反应器、精馏塔、冷凝器、固定床、流化床、分离器、气化炉等；技术改进热点主要是降低成本、提高效率、降低装置复杂性和降低排放等。

中美两国在 3 个重要研发方向都是全球领先的专利创造策源地，尤其是中国占据绝对领先优势。另外，在一些"非主流"研发方向，如煤制乙醇汽油（乙醇的应用）、混合燃料电池（含乙醇）和废液处理，美国专利创造活动全球领先。

与全球洁净能源领域其他技术相比，煤制乙醇技术专利申请有效率偏低，相关专利申请的存活质量、权利稳定性都较弱，3 个主要研发方向的专利申请当前有效率都较低，其他"非主流"研发方向的专利申请当前有效率更低。

与全球洁净能源领域其他技术相比，煤制乙醇技术专利转让率相对偏低，工艺方法类专利技术转让活动最多，其次是催化剂类。大部分专利转让活动发生在美国。专利许可数量较少，主要涉及工艺方法类专利，以独占许可方式为主。

与全球洁净能源领域其他技术相比，煤制乙醇技术专利诉讼率较高，大多发生在工艺方法类相关专利技术。印度、巴西、韩国、日本是专利诉讼多发地，其中以印度、巴西两地的专利侵权行为较为严重。

第3章　全钒液流电池技术专利态势

自2000年1月1日起截至检索日[1]，全钒液流电池技术全球相关专利家族共计11 724项，含专利申请共计17 326件。

3.1　专利申请趋势

全钒液流电池技术全球专利申请数量呈增长趋势（图3-1）[2]。2000—2006年，全钒液流电池全球相关专利申请数量较少，增速缓慢。2008—2018年，是高速增长时期，研发和产出活动较为活跃，全球相关专利申请数量增长显著，2018年达到年度峰值1298项。

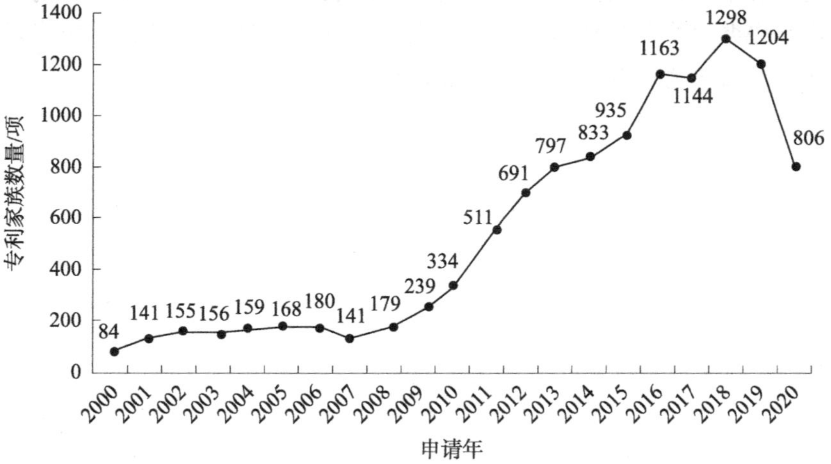

图3-1　全钒液流电池技术全球专利申请趋势

[1] 检索日期：2021年8月12日。

[2] 因专利申请公开存在最长18个月的时滞，2020年的专利申请数量仅供参考。

3.2　专利技术策源地

全钒液流电池技术专利技术策源地分布特点显示（图3－2），中国、美国、日本、韩国是全球全钒液流电池技术研发创新的主要策源地。中国尤其占据全球显著领先位置。

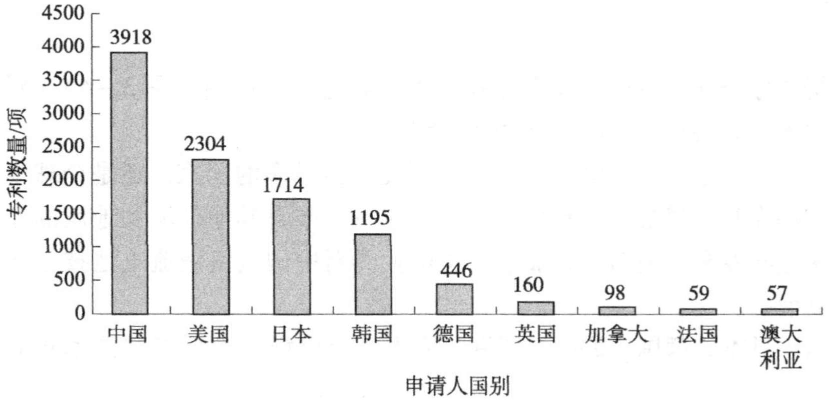

图3－2　全钒液流电池技术全球主要专利技术策源地

各技术策源地的专利申请趋势（图3－3）反映出下述主要特点：

（1）日本是领域技术先行者。2000—2005年，日本是全球相关专利申请数量最多的国家，美国紧随其后，2006—2020年，美国反超日本。2011—2020年，日本与美国对本领域都保持着较高的关注度。

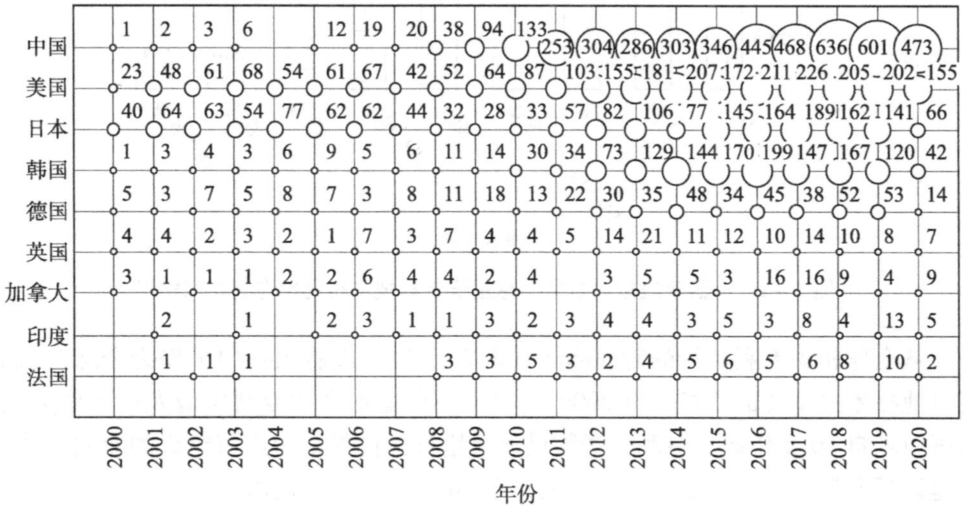

图3－3　全钒液流电池技术全球主要专利技术策源地专利申请趋势（单位：项）

（2）中国是本领域研发最活跃的国家。中国相关专利申请起步晚于日本和美国，但追赶势头迅猛，是本领域典型的“后起之秀”，在2009年拥有了全球最高年度专利申请量并保持至今。当前，中国对全钒液流电池技术研发仍然保持高度活跃的状态。

（3）韩国、德国、英国自2012年起开始加强对本领域技术的研发活动。

3.3 专利技术布局地

分析全球全钒液流电池技术专利技术布局地分布特点（图3－4），对照专利技术策源地分布特点（图3－3）可以看出：

中国不仅是全钒液流电池技术专利研发产出最多的国家，还是全球专利申请人进行相关专利布局最多的重要目标技术市场，来自其他国家和地区的专利申请人在中国也有专利申请布局，显示了国际业界对中国全钒液流电池技术与产业发展的高度信心。

美国、日本、韩国、德国、印度、澳大利亚也都是国际专利技术布局的重要市场。

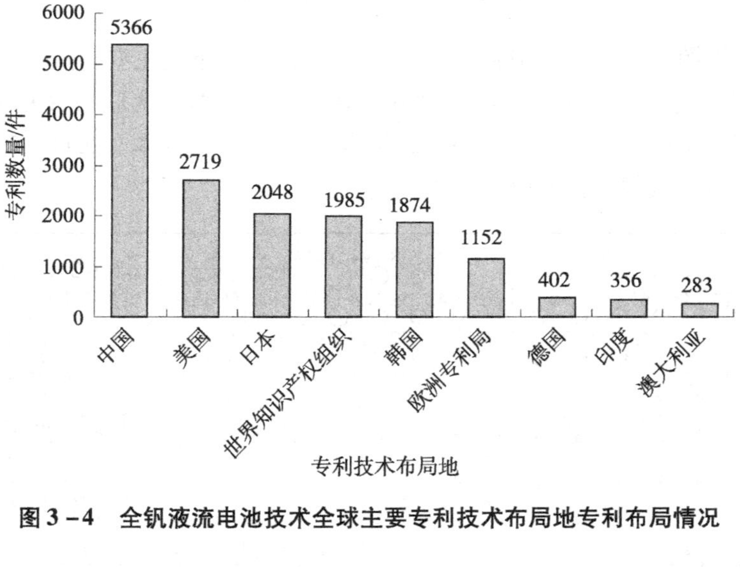

图3－4 全钒液流电池技术全球主要专利技术布局地专利布局情况

从全球相关专利布局的时间趋势（图3－5）可以看出：中国作为全球全钒液流电池技术最主要的市场，自2009年迄今一直受到全球专利申请人的高度关注；韩国市场自2012年起，专利布局数量显著增长；世界知识产权组织的专利申请途径是国际专利布局的重要手段，尤其是在2011年以后，利用率较高。

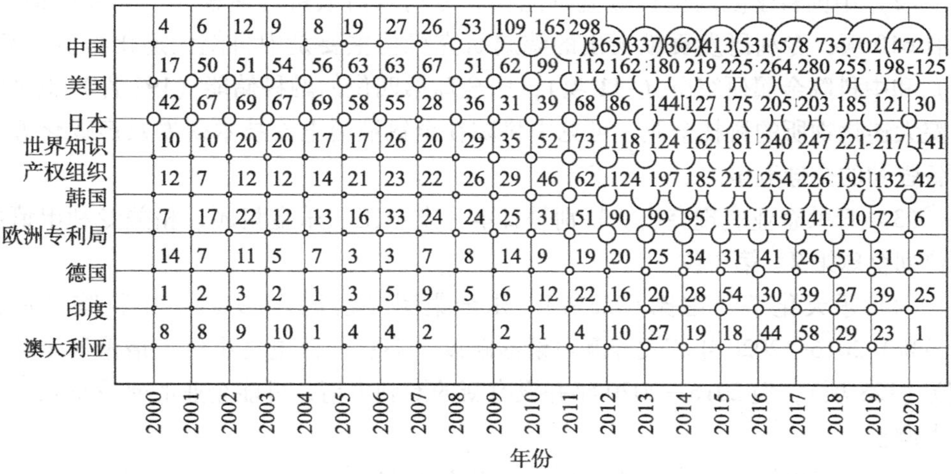

图3-5　全钒液流电池技术全球专利技术布局地专利布局趋势（单位：件）

3.4　领先研发主体

3.4.1　领先专利申请人

全钒液流电池技术领域专利申请数量最多的前10位机构是全球全钒液流电池技术领域的主要研发竞争者（图3-6）。

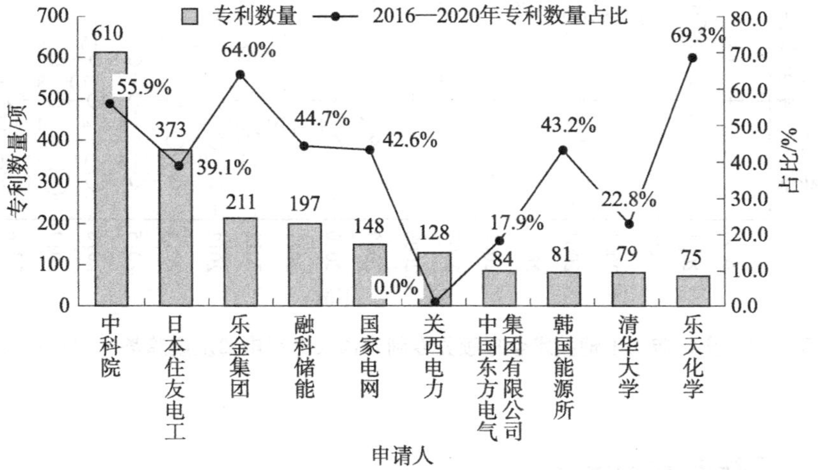

图3-6　全钒液流电池技术全球领先专利申请人

（1）全球前10位专利申请人中，半数来自中国，分别是中科院、融科储能、国家电网、中国东方电气集团有限公司和清华大学。中国申请人在本领域具有较强的全球竞争实力；另外半数来自日本（2位）与韩国（3位）。

（2）中国科学院的全钒液流电池相关专利申请数量遥遥领先于其他申请人，共有610项；专利研发贡献突出的院属研究机构主要是中科院大连化物所（378项）和中科院金属研究所（111项），居全球第四位的融科储能（197件）也是中科院大连化物所的科技企业，可见中科院在全钒液流电池技术研发及产业化方面具备强劲的全球竞争力。

（3）日韩企业表现突出。特别是日本住友电工、乐金集团，相关专利申请数量位列全球第2、第3位。

（4）乐天化学（占比69.3%）、乐金集团（占比64.0%）、中科院（占比55.9%）2016—2020年相关专利申请活跃度最高；关西电力虽然申请量居全球第6位（128项），但2016—2020年并没有新的专利申请，可能企业的研发重点已经发生调整。

全球领先申请人的专利申请时间变化趋势显示（图3－7）：日本住友电工、关西电力进入全钒液流电池领域的时间较早，其他主要专利申请人基本是在2006年之后才逐渐呈现持续性的专利申请活动。中科院自2009年起专利申请量迅猛增长，迄今一直保持着较大的研发投入与产出。关西电力自2008年以来再未有相关专利申请。

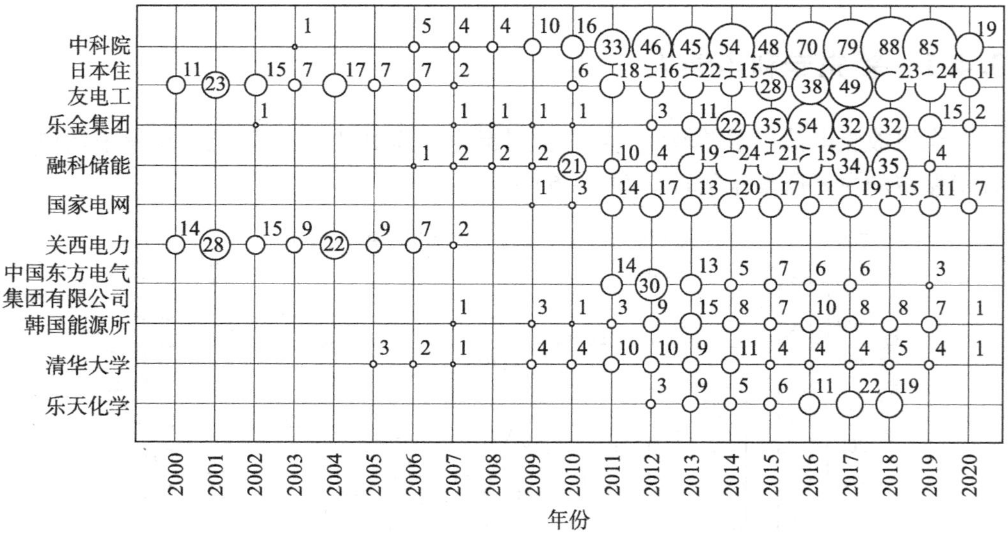

图3－7　全钒液流电池技术全球领先专利申请人专利申请发展趋势（单位：项）

3.4.2　活跃专利申请人

2016—2020年全钒液流电池技术全球专利申请数量最多的前10位申请人如图3－8所示。其中，京瓷公司、上海电气、储能方案、昭和电工相关专利申请活跃度较高，2016—2020年相关专利申请数量分别占各自相关专利申请总量的80%以上，显示出4家公司近年对全钒液流电池技术研发的高度关注与投入。

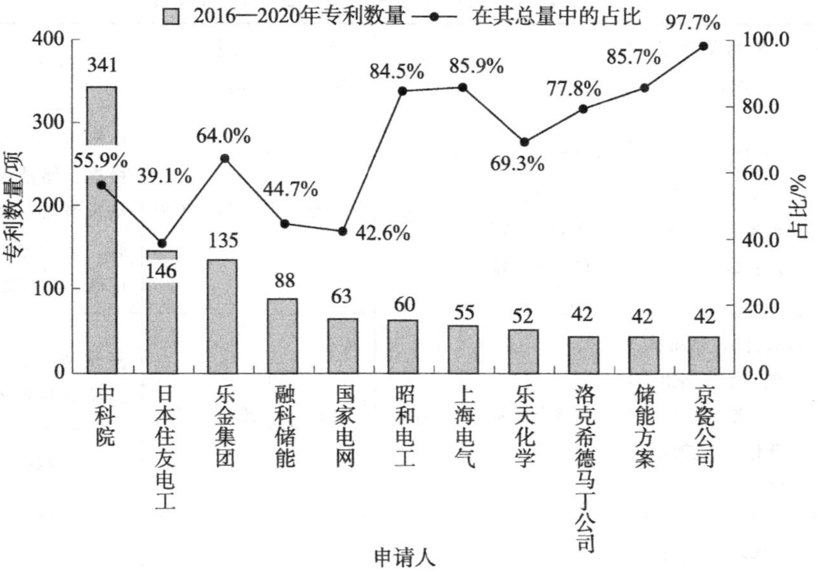

图 3－8　2016—2020 年全钒液流电池技术全球活跃专利申请人专利申请情况

3.4.3　主要发明人团队

全钒液流电池技术全球研发专利申请产出最多的发明人团队是来自中科院大连化物所的李先锋、张华民团队，团队成员还包括了来自融科储能、大连融科储能装备有限公司的研发人员。该发明人团队自 2003 年起至今共申请了相关专利 509 项，具有绝对领先的数量优势，专利研发内容主要涉及电解液、液流框、电极框、储能系统、碳纳米纤维、离子传导膜、高分子多孔膜、阴离子交换膜等。

专利申请数量突出的其他发明人团队还有（表 3－1）：

中科院金属所的严川伟团队，自 2006 年至今共有 109 项相关专利申请，主要内容涉及测试方法、共混膜、高导电率集流体、高比表面膜、复合隔膜、全氟磺酸树脂等。

中国东方电气集团有限公司的汤浩团队，共有 90 项相关专利申请，专利研发方向侧重液流框、双极板、停机保护、储能系统等。

由关西电力和日本住友电工共同组建的技术团队，代表研究人员为德田信幸，主要活跃期为 2000—2007 年，专利技术内容主要涉及电极板、电解液、气体排放阀等。

国家电网的李爱魁团队，自 2011 至今共有 59 项相关专利申请，研发方向侧重储液罐、双极板、控制系统、过滤装置等。

表 3-1　全钒液流电池技术全球专利主要发明人团队　（单位：项）

代表研发人员	发明人团队主要成员	所属机构	国别	专利申请量	专利申请活跃时间	专利技术方向
李先锋、张华民	马相坤、赖勤志、郑琼、刘涛、邢枫、王晓丽、史丁秦、袁治章	中科院大连化物所、融科储能、大连融科储能装备有限公司❶	中国	509	2003—2020	电解液、液流框、电极框、储能系统、碳纳米纤维、离子传导膜、高分子多孔膜、阴离子交换膜
严川伟	刘建国、赵丽娜、侯绍宇、秦野、肖伟、陈晖、张博、张建国、何虹祥、杨志刚	中科院金属所	中国	109	2006—2020	测试方法、共混膜、高导电率集流体、高比表面膜、复合隔膜、全氟磺酸树脂
汤浩	殷聪、谢光有、高艳、房红琳、胡蕴成、周正、刘佳燚、李婷、刘红丽	东方电气	中国	90	2011—2019	液流框、双极板、停机保护、储能系统
德田信幸	伊藤岳文、寒野毅、荻野诚司、出口洋成、重松敏夫、隈元贵浩、古家昌之、西端康介、隅直人	关西电力、日本住友电工❷	日本	84	2000—2007	电极板、电解液、气体排放阀
李爱魁	刘飞、马军、杜涛、杨祥军、刘纳、陈家宏、王伟、王茜、张鑫	国家电网	中国	59	2011—2020	储液罐、双极板、控制系统、过滤装置

❶ 融科储能是由中科院大连化物所和大连博融控股集团有限公司共同出资组建。大连融科储能装备有限公司是融科储能全资设立的子公司。

❷ 该团队属于日本关西电力和日本住友电工共同组建的技术团队。

3.5　重要研发方向

3.5.1　专利技术构成

全钒液流电池技术全球相关专利申请共 11 724 项。这些专利技术构成的主要特点如下（图 3-9）[1]：

（1）电极（5971 项）、电解液（4677 项）、膜（4601 项）是全钒液流电池技术专利研发当前最主要的 3 个方向。其中，电解液相关研发主要关注电解液的制备、添加剂、回收利用；膜技术相关研发主要涉及离子交换膜、多孔膜等。

（2）电堆相关专利主要关注电堆结构、液流框、运行方式等。

（3）电池系统相关研发，主要涉及电池控制与管理、运行或操作方法、系统结构、设计集成。

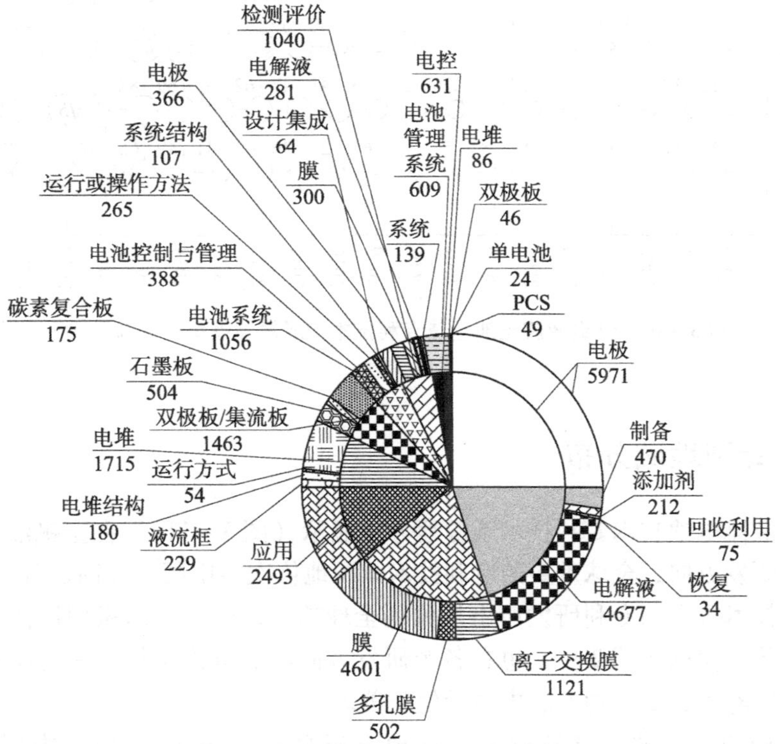

图 3-9　全钒液流电池技术全球专利技术构成（单位：项）

相关专利申请发展趋势（图 3-10）显示，全钒液流电池各个研发方向都保持着连续性的专利创造活动。电极、电解液、膜技术近几年专利产出活跃，年度

[1] 一项专利技术可能涉及多个技术创新特征，会复分入多个技术方向，因此各技术方向专利数量和大于专利总量。

申请量呈增长态势。膜、双极板/集流板、电极、电解液、电堆及检测评价相关的专利申请在2018年达到峰值。电池系统与电控技术领域专利年度申请量在2017年达到峰值，近两年并未表现出明显的衰减趋势。总的来看，各研发方向的专利创造活跃度还将持续。

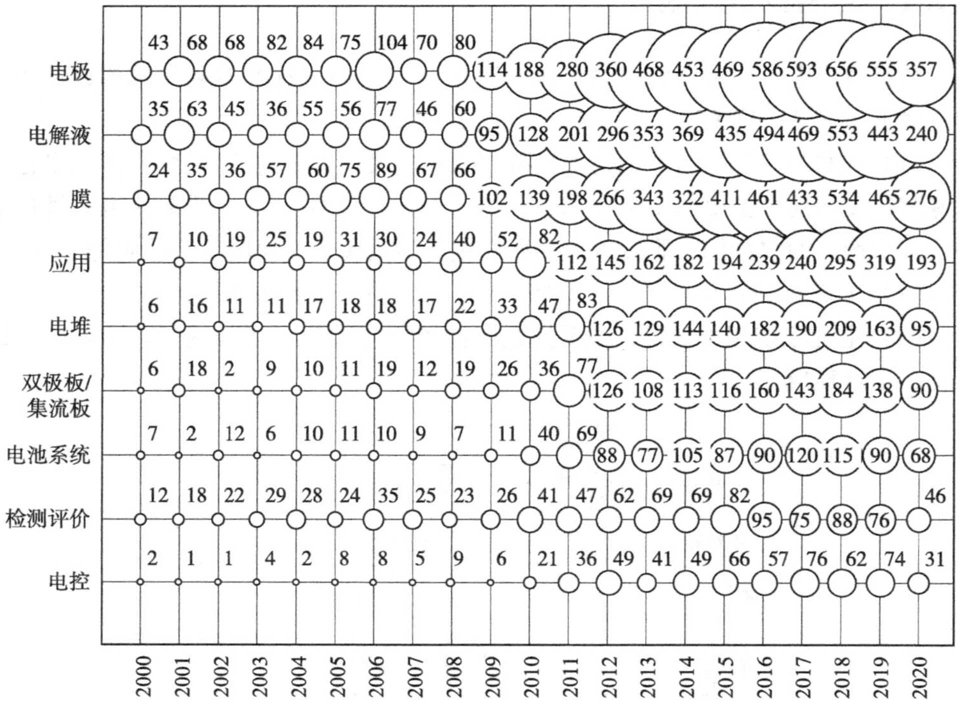

图3-10 全钒液流电池全球专利技术构成发展趋势（单位：项）

3.5.2 专利地域分布

全钒液流电池技术专利技术策源地分析显示（图3-11）：在全钒液流电池的各个主要研发方向，全球重要的专利技术策源地依次为中国、美国、日本、韩国。中国在各技术方向的专利研发产出均位列全球前茅，与其余国家相比保持着明显的领先优势。美国居第2位，也在各个研发方向与后续国家拉开一定距离。但电堆技术领域除外，日本的专利申请量优于美国。

全钒液流电池技术专利技术布局地分析显示（图3-12）：中国、美国、日本、韩国是全球全钒液流电池的重要专利技术布局市场。在各个技术研发方向，中、美两国依然是全球最重要的专利布局市场，并且保持了显著的领先优势。

在部分技术研发方向，日本、韩国市场的一些表现值得关注：

（1）在电堆技术研发方面，日本为全球第2位专利技术策源地，但在专利布局方面并未表现出同等重要性，日本相关专利受理量居全球第6。

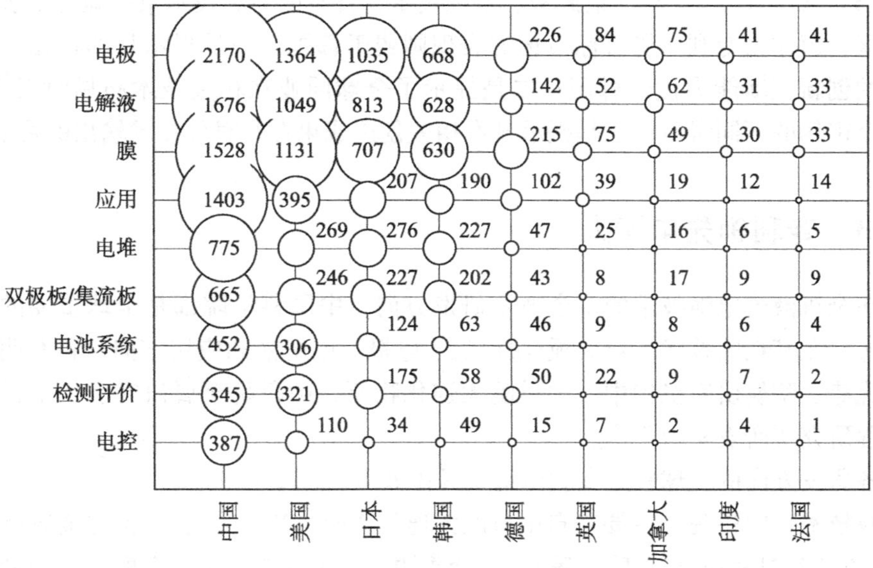

图 3-11　全钒液流电池技术全球专利技术构成策源地分布（单位：项）

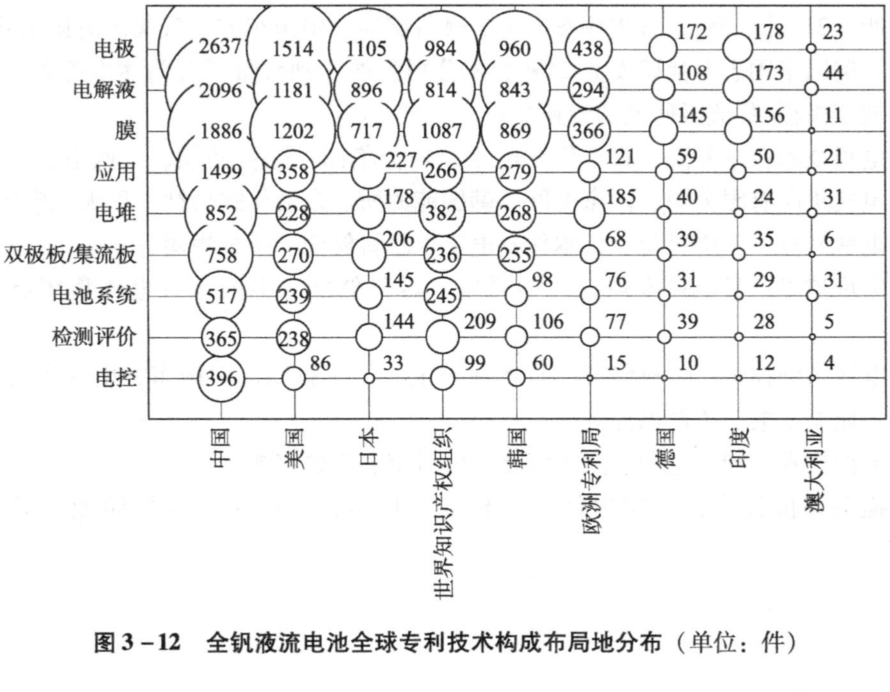

图 3-12　全钒液流电池全球专利技术构成布局地分布（单位：件）

（2）关于电极、电解液、膜、电堆、双极板/集流板技术，韩国既是全球重要的专利技术策源地，也是受到全球创新主体高度关注的专利布局目标市场；但在电池系统、电控、检测评价与应用方面，韩国的专利创造活动、专利布局活动都不突出，反映出韩国相关创新主体的研发活动、技术与行业发展方面存在一些侧重。

（3）关于膜、双极板/集流板、电堆技术，日本的专利技术策源地特征表现优于韩国，但作为专利布局目标市场的表现则弱于韩国，一是提示日本在相关研发方向的创新驱动能力优于韩国；二是提示了全球同业在相关技术布局时对于日、韩两个市场的不同考量；三是提示日本相关创造成果存在对外技术输出的可能。

3.5.3 专利领先申请人

在全钒液流电池技术的多个技术研发方向，中国科学院都是全球重要的专利申请人，尤其在膜技术、双极板/集流板、电极、电解液和应用方向，具有明显的领先优势。院属研究机构中，中科院大连化物所、中科院金属研究所、中科院过程工程研究所研发实力不俗。

各研发方向的全球领先专利申请人具体如下（图3-13）。

膜技术：中科院［主要来自中科院大连化物所（171项）、中科院金属所（43项）、中科院过程所（26项）等］、乐金集团、日本住友电工、东丽株式会社、融科储能、旭化成株式会社等。

双极板/集流板技术：中科院［主要来自中科院大连化物所（84项）、中科院金属所（21项）等］、日本住友电工、融科储能、中国东方电气集团有限公司等。其中，美国半固态电池研发商24M技术公司虽然专利数量不及前述申请人，但却是开展双极板/集流板研究的专业企业。

电极技术：中科院、日本住友电工、乐金集团、融科储能、关西电力、中国东方电气集团有限公司、国家电网、韩国能源所、东丽株式会社、乐天化学等。

电解液技术：中科院、日本住友电工、融科储能、乐金集团等。

电堆技术：日本住友电工、中科院、融科储能、中国东方电气集团有限公司等。

电池系统技术：融科储能、日本住友电工、中科院、中国东方电气集团有限公司、储能方案、关西电力等。

电控技术：国家电网、融科储能、中科院、安徽美能等。

检测评价技术：国家电网、中科院、日本住友电工、融科储能、清华大学等。

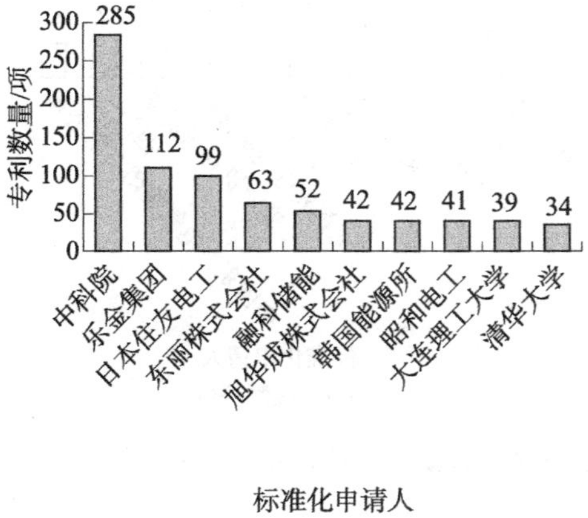

（a）膜

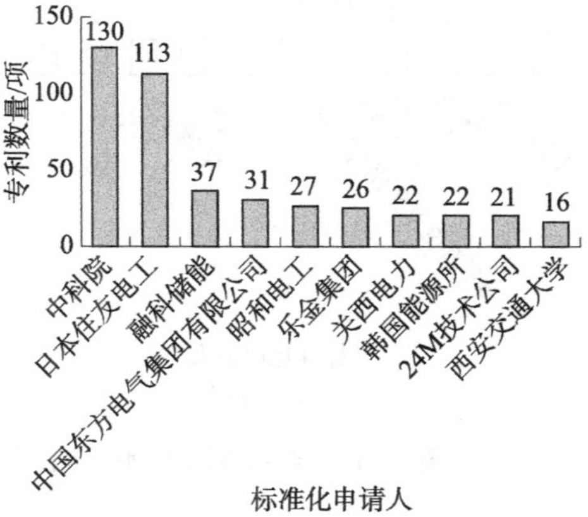

（b）双极板/集流板

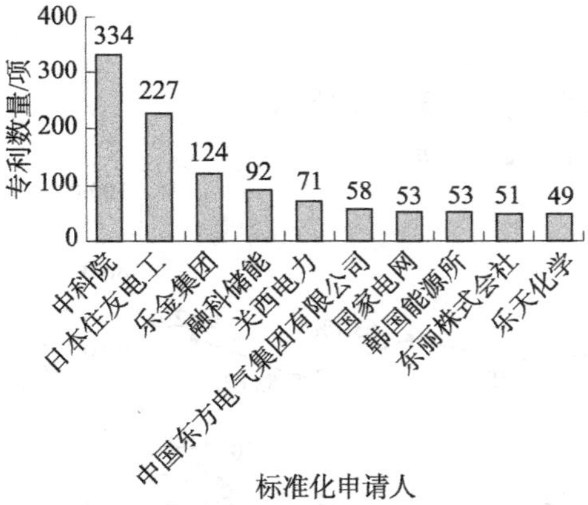

（c）电极

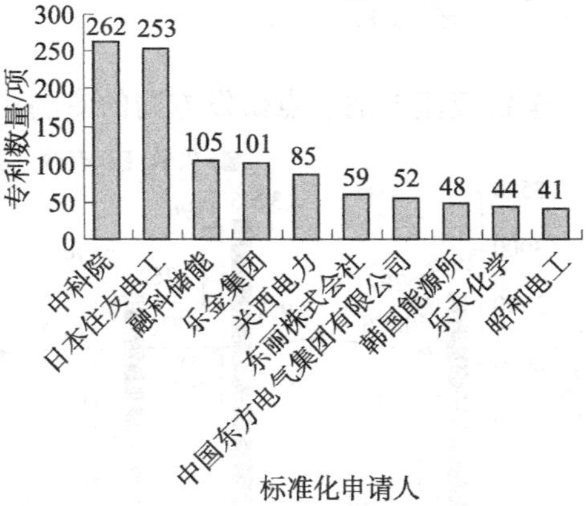

（d）电解液

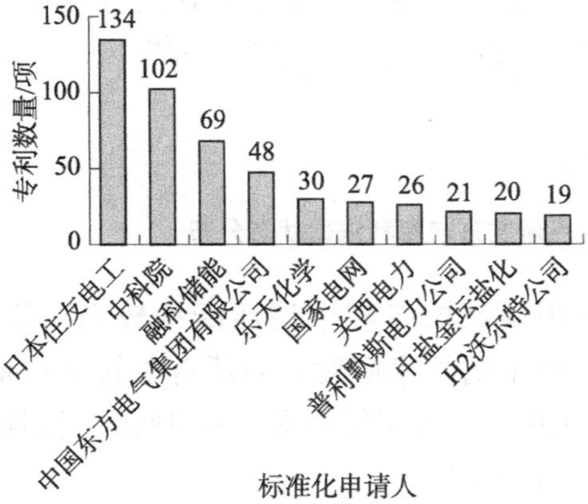

（e）电堆

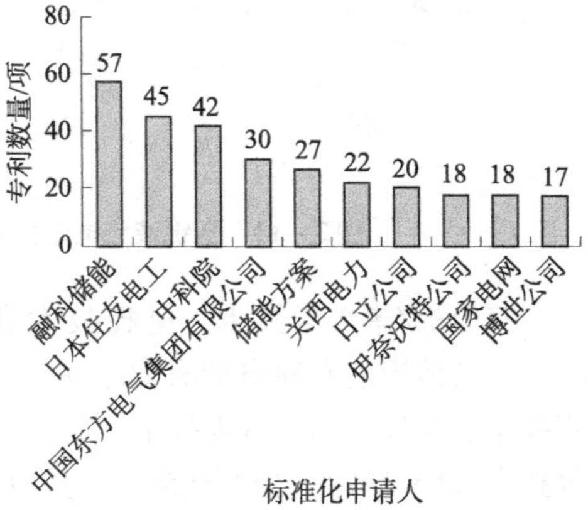

（f）电池系统

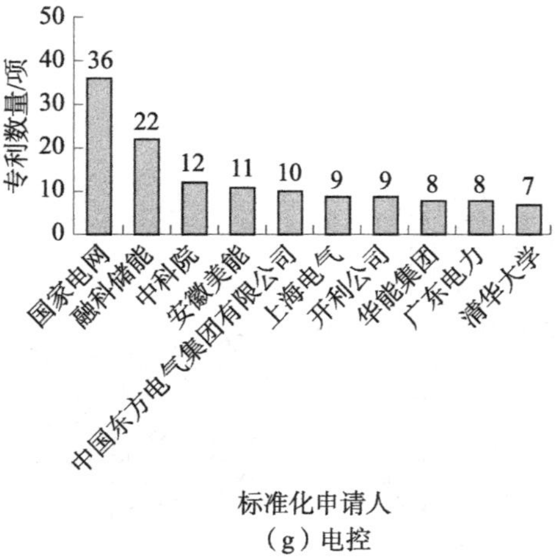

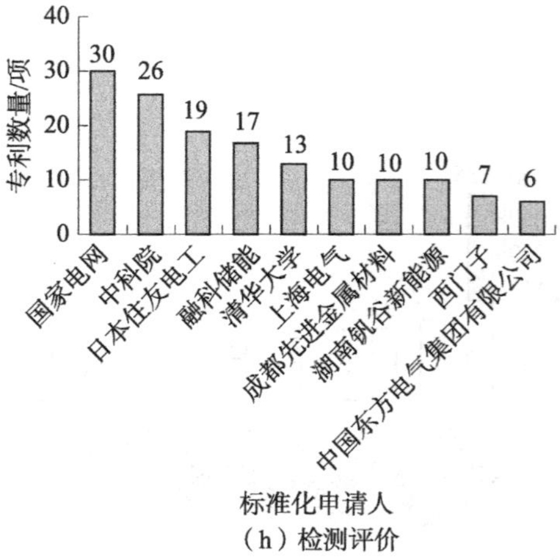

图 3-13　全钒液流电池技术重点研发方向全球领先专利申请人分布

3.5.4　专利有效性

全钒液流电池重点研发方向的专利法律状态如图 3-14 所示。

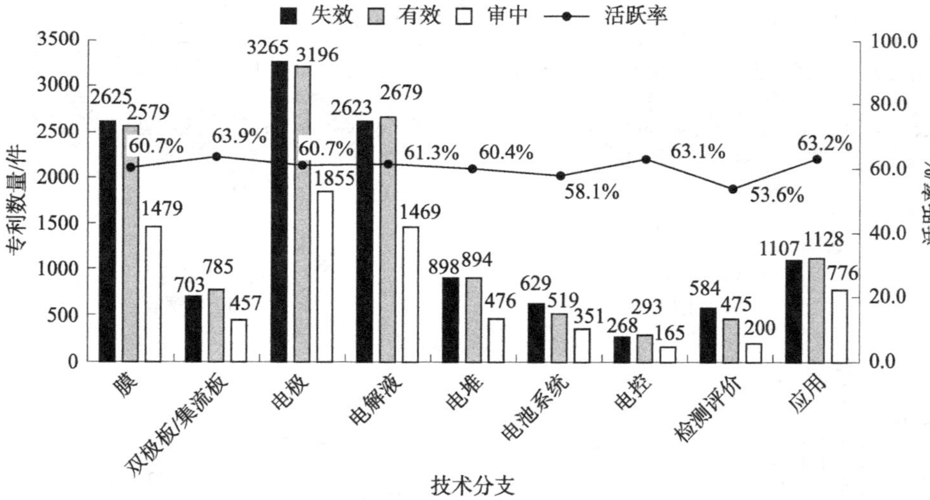

图 3-14　全钒液流电池技术重点研发方向专利法律状态分布

双极板/集流板技术、电控技术和应用领域的专利申请活跃率较高，超过 63%。其他当前专利申请有效率达到六成以上的技术研发方向还有电解液技术、膜技术、电极技术、电堆技术。有效率最低的是电池系统技术（58.1%）、检测评价技术（53.6%），但都达到了半数以上（图 3-14）。

对照当前全球洁净能源领域其他技术相关专利申请有效状态（图 1-11），全钒液流电池技术专利申请有效率处于中高位水平，相关专利申请的存活质量、权利稳定性表现都较好。

3.5.5　专利技术功效

全钒液流电池技术相关中国专利技术功效分析结果显示，各重要研发方向的技术改进热点具有下述主要特点（图 3－15）：

（1）电极技术：主要关注成本高昂、工艺复杂、使用效率与寿命不高等方面的问题，对提高可靠性、安全性方面开展的研发相对较少。

（2）电解液技术：研发重点是降低成本、降低技术复杂性、提升效率和稳定性等。

（3）膜技术：最主要关注降低成本的问题，显示成本较高是当前膜技术研发中存在的主要问题；此外，降低复杂性、提高稳定性、提高效率也是膜技术主要改进方向。对于提高膜的可靠性、提高密度和均匀性方面，目前关注较少。

（4）电堆技术：主要关注降低成本、降低工艺复杂性、提升效率与稳定性等；关于均匀性提高方面关注较少。

（5）双极板/集流板技术：最关注成本问题、工艺复杂性问题，对于提高效率也比较重视；对于提高可靠性、提高密度和便利性方面，关注不多。

（6）电池系统技术：最关注使用效率、降低成本、降低工艺复杂性等问题；对于使用寿命、安全性、便利性问题也比较重视。

（7）检测评价技术：重点关注技术复杂性、便利性、成本与效率问题。

（8）电控技术：重点关注安全性、效率、成本问题。

（9）相关应用技术：主要关注应用的成本、复杂性、效率、稳定性、安全性等问题。

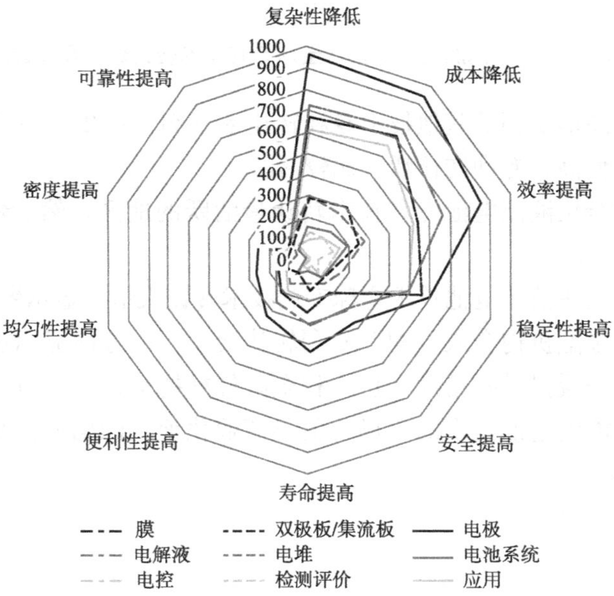

图 3－15　全钒液流电池技术重点研发方向专利技术功效（单位：件）

3.6 专利技术运营

3.6.1 专利技术转让

全球全钒液流电池技术全球专利转让活动的技术构成显示（图3－16）：电极技术相关专利的转让数量最多，共有1872件，转让率22.5%；其次是膜技术，相关专利转让1440件，转让率21.5%；电解液技术相关专利转让1408件，转让率20.8%。专利转让活动最活跃的是检测评价技术，虽然转让数量只有321件，但转让率达到25.5%。

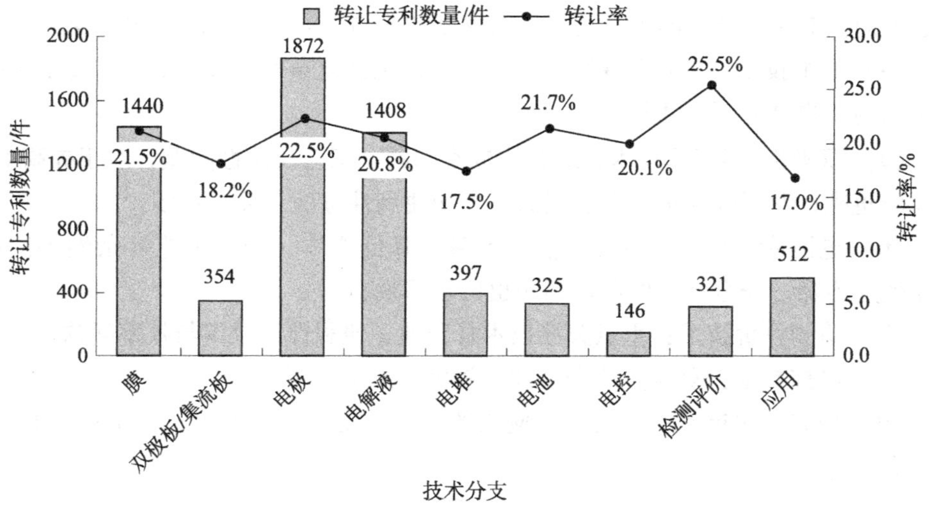

图3－16　全钒液流电池技术全球专利技术转让数量及转让率

对比全球洁净能源领域其他技术专利转让率（图1－12），全钒液流电池技术专利转让率相对偏高，专利转让活动比较活跃。

美国是全球全钒液流电池专利技术转让最活跃的地区，然后依次是中国、日本和欧洲（图3－17）。

进一步分析全钒液流电池技术全球专利技术转让人情况显示[1]，除官产学研类型机构外，多家金融机构介入了相关专利转让活动，一方面显示相关技术交易因成本高商业化进程缓慢需要借助知识产权金融杠杆撬动，另一方面也反映出金融资本界对于全钒液流电池技术的市场价值与商业化前景的信心。具体转让人情况如图3－18所示。

[1] 包含了专利权利转入及转出两种活动涉及的权利人。

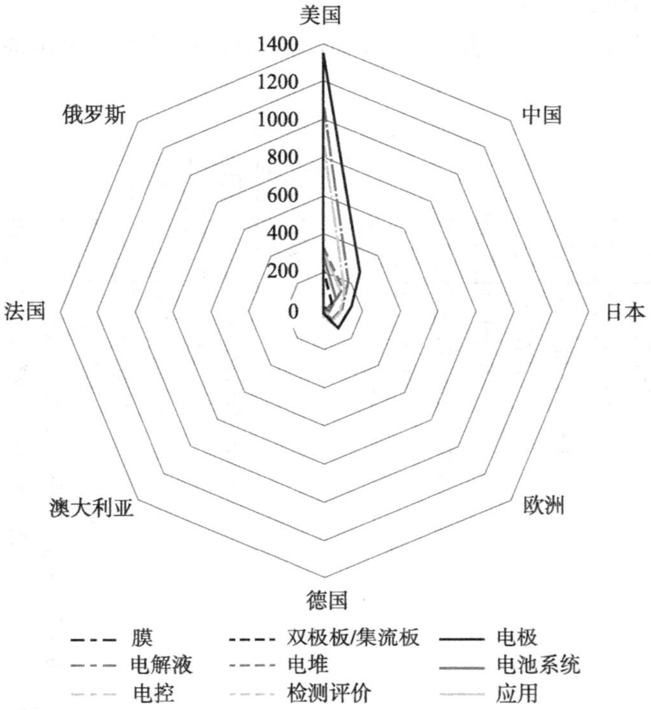

图3-17　全钒液流电池技术全球专利技术转让活跃地（单位：件）

（1）膜技术：专利转让数量最多的是美国能源部，反映出美国能源部对膜技术研发投入了大量资助；企业主要有洛克希德马丁能源存储公司、联合工艺公司等。

（2）双极板/集流板技术：转让数量最多的是东方电气股份有限公司、日本住友电工、巨佰雪莱公司、24M技术公司等；金融机构M&T信托公司参与相关转让。

（3）电极技术：转让数量最多的是美国能源部，以及东方电气股份有限公司、联合工艺公司、日本住友电工、洛克希德马丁能源存储公司等；金融机构硅谷银行、M&R资本参与相关转让活动。

（4）电解液技术：硅谷银行、美国能源部参与的专利转让数量相当且名列前茅。

（5）电堆技术：东方电气股份有限公司参与的专利转让数量最多；金融机构硅谷银行参与转让活动。

（6）电池系统：硅谷银行参与的专利转让数量最多，此外还有伊莫基动力系统公司、储能方案、伊奈沃特公司等。

（7）电控技术：主要参与转让活动的有JD控股有限公司、湖南德沃普新能源有限公司、VRB能源公司等。

（8）检测评价技术：主要参与转让活动的有伊莫基动力系统公司、硅谷银行、东方电气股份有限公司等；

（9）相关应用技术：主要参与转让活动的有融科储能、美国能源部、中科院大连化物所等。

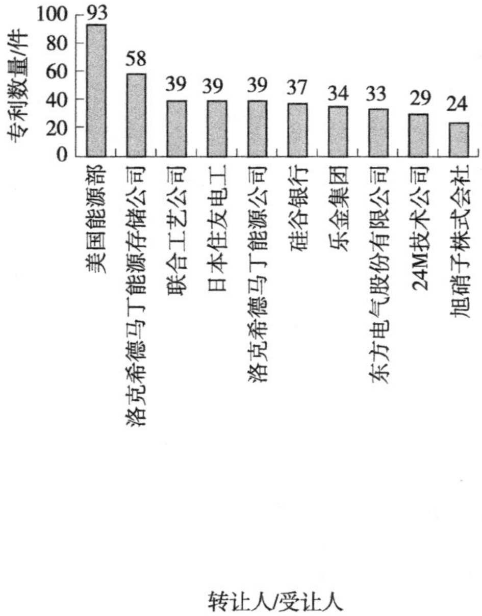

（a）膜

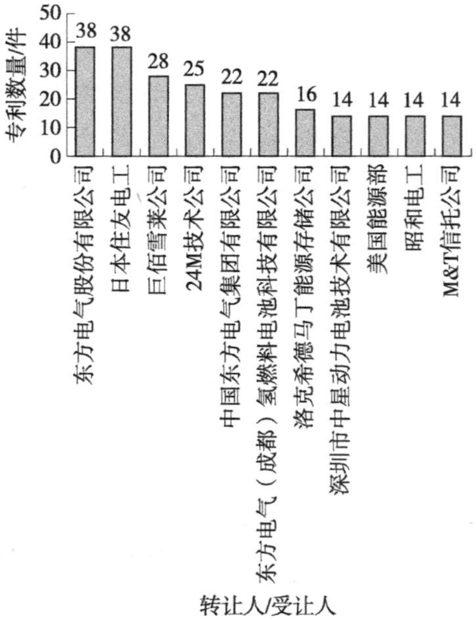

（b）双极板/集流板

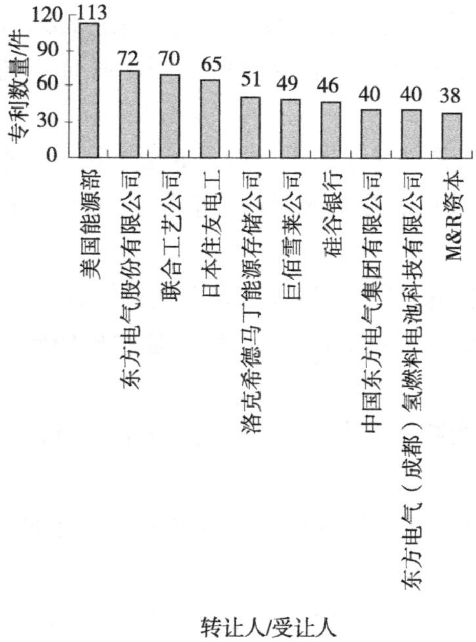

（c）电极

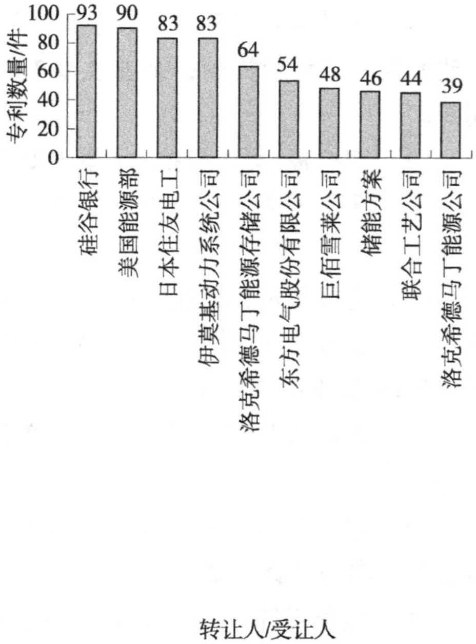

（d）电解液

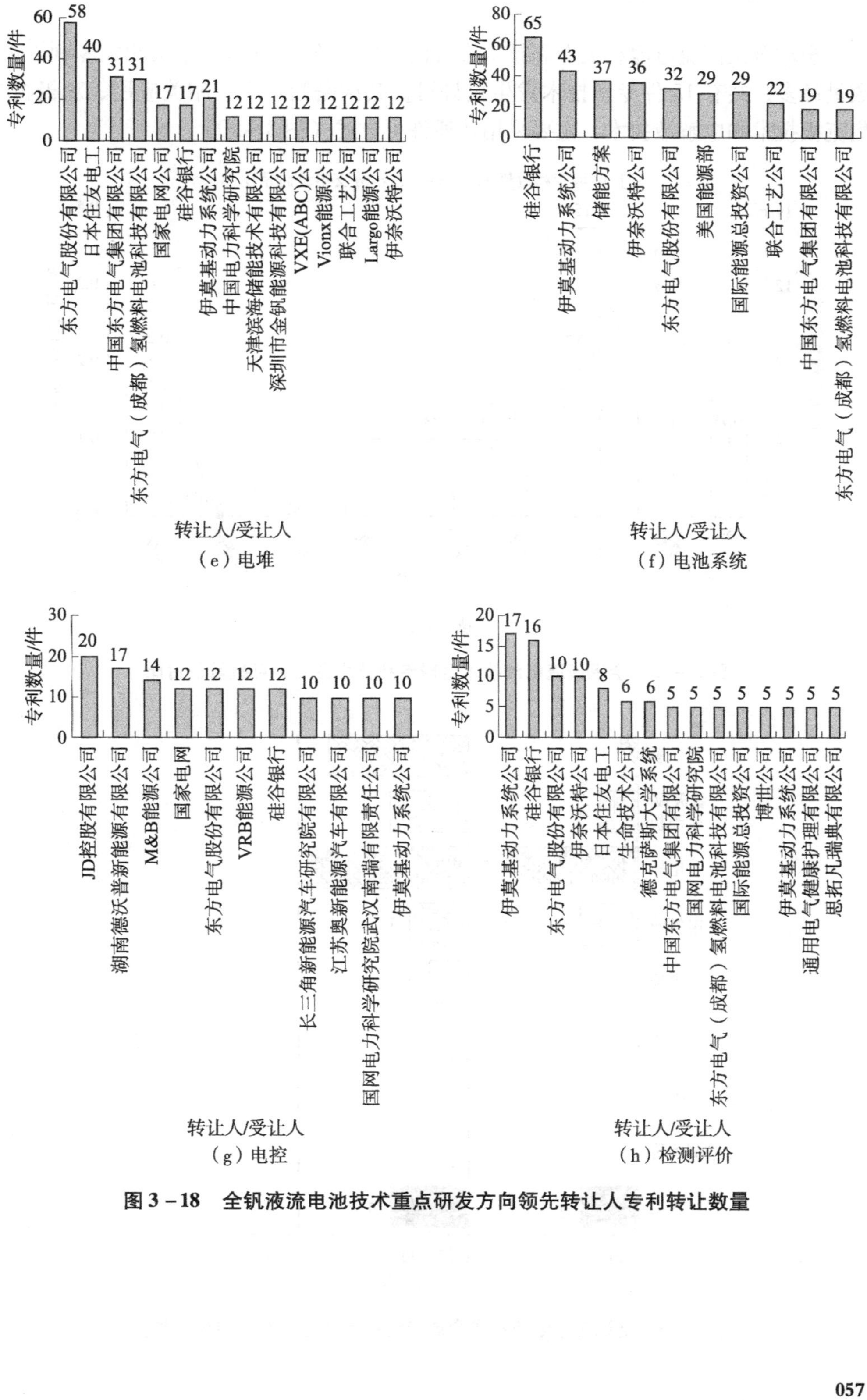

图3－18　全钒液流电池技术重点研发方向领先转让人专利转让数量

3.6.2 专利技术许可

全球全钒液流电池相关专利技术许可活动中（图3-19），电极相关专利许可数量最多，共有15件专利技术发生过许可，其次是膜技术、相关应用、双极板/集流板技术和电解液技术。主要采用普通许可方式（图3-20）。

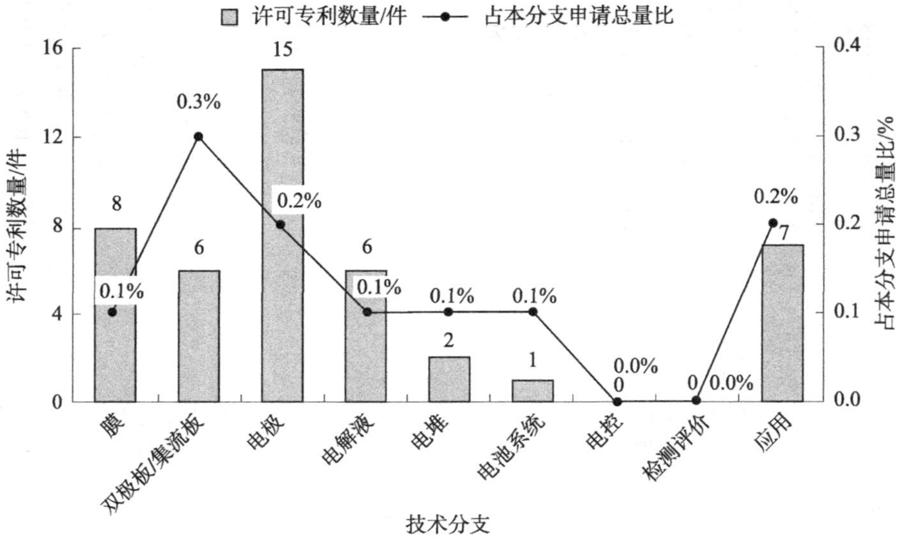

图3-19　全钒液流电池技术全球专利技术分支许可数量及占比

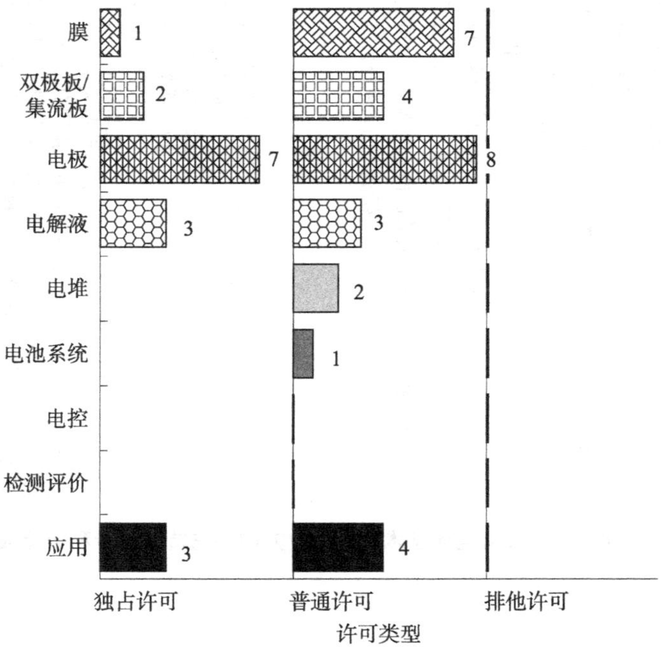

图3-20　全钒液流电池技术全球专利技术许可类型（单位：件）

3.6.3　专利诉讼活动

全钒液流电池技术领域全球涉诉专利技术构成情况显示（图 3－21），发生诉讼活动最多的 3 类专利技术依次是：电极技术，涉诉专利 102 件，诉讼率 1.2%；膜技术，涉诉专利 78 件，诉讼率 1.2%；电解液技术，涉诉专利 70 件，诉讼率 1.0%。

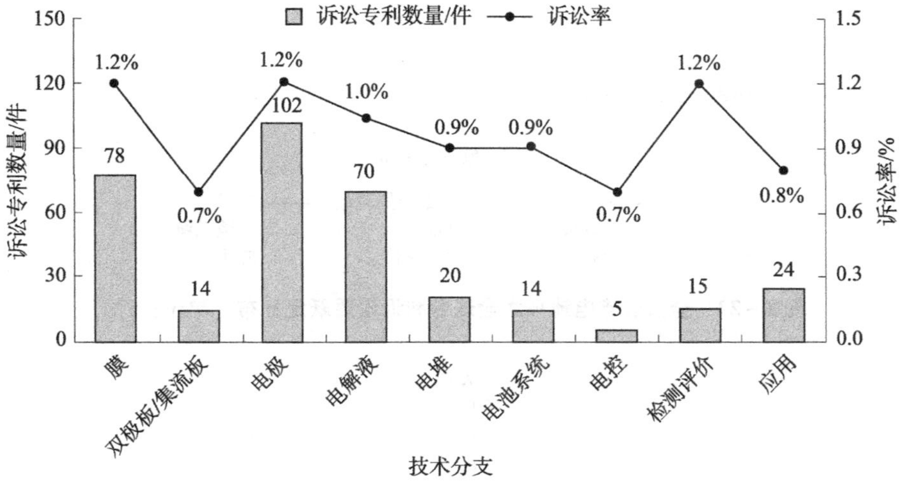

图 3－21　全钒液流电池技术全球专利诉讼技术构成

对比全球洁净能源领域其他技术专利涉诉情况（图 1－14），全钒液流电池技术的专利诉讼活动并不活跃，专利诉讼率居于中低位。

全钒液流电池技术全球专利诉讼地分布情况显示（图 3－22），日本、美国、印度、韩国、巴西和欧洲是相关专利诉讼多发地。在日本，专利诉讼主要涉及电极、膜和电解液技术。在印度，膜技术相关诉讼最多，且除电极与电解液技术外，相关应用、检测评价技术方面的诉讼也较突出。在韩国，电解液技术相关诉讼最多。在巴西，主要是相关应用、电堆技术方面的诉讼。

膜技术领域，无效诉讼活动最多，共提出了 14 件专利无效诉讼（图 3－23）。

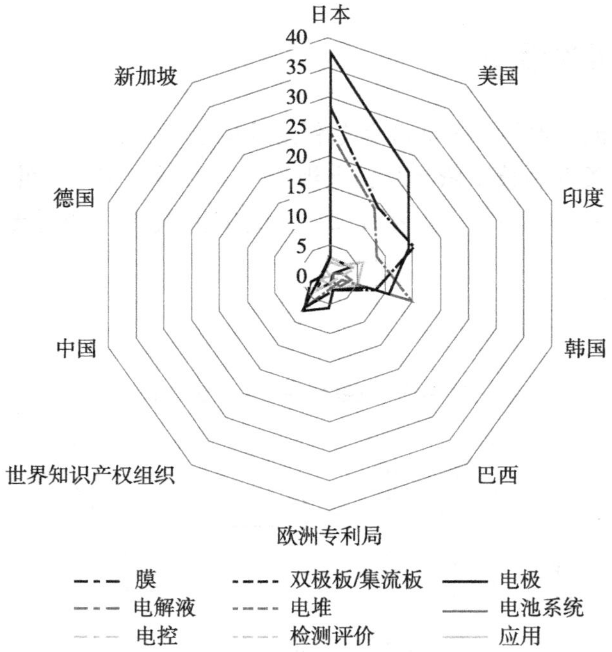

图 3-22　全钒液流电池技术全球专利诉讼活跃地分布（单位：件）

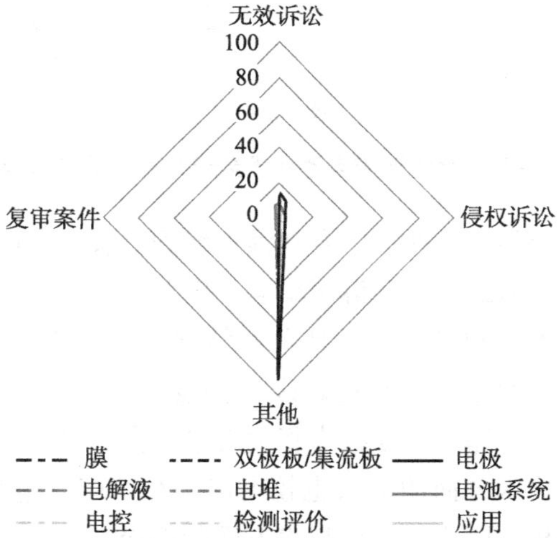

图 3-23　全钒液流电池技术全球专利技术分支专利诉讼案件类型❶（单位：件）

3.7　小结

全钒液流电池技术全球相关专利申请活跃，自 2000 年迄今申请量累计为专利

❶ 其他案件类型包括驳回复审（含行政决定）、权属争议、职务发明、合同争议。

家族 11 724 项（17 326 件）。2008 年以来，全球相关专利创造进入高速增长期。中国、美国、日本、韩国是全球全钒液流电池技术研发的主要创新策源地。日本是全球技术先驱者，2005 年之前一度引领全球专利申请，于 2006 年被美国赶超。2009 年，中国的年度专利申请量赶超美国，并持续增长至今，是典型的“后起之秀”。目前中国是全球全钒液流电池专利技术研发产出最多的国家，也是各国创新主体开展专利布局最多的国家。美国、日本、韩国、德国、印度和澳大利亚也都是国际专利技术布局的重点市场。

全钒液流电池技术的全球领先专利申请人来自中国、日本、韩国。中国科学院专利申请量遥遥领先，主要来自中科院大连化物所、中科院金属所。中科院大连化物所下属科技企业融科储能具有较强的国际竞争力。乐天化学、乐金集团、中科院 2016—2020 年专利申请最活跃，关西电力自 2008 年以来未见相关专利申请。全球表现突出的发明人团队有 5 个：中科院大连化物所的李先锋、张华民团队，中科院金属所的严川伟团队，东方电气的汤浩团队，关西电力和日本住友电工共同组建的德田信幸技术团队，国家电网的李爱魁团队。

全钒液流电池技术全球相关专利主要涉及 9 个研发方向：电极、电解液、膜、电堆、双极板/集流板、电池系统、电控、检测评价和应用。专利技术改进重点最关注问题是降低成本、降低复杂性、提高效率、提高稳定性。其中：①电极技术研发主要关注成本高昂、工艺复杂、使用效率低与寿命短等问题。②电解液技术研发主要关注制备方法、添加剂、回收利用等方面，热点问题是降低成本、降低技术复杂性、提升效率和稳定性等。③膜技术研发的热点是离子交换膜、多孔膜等，最关注的问题是制备成本、工艺复杂性、效率、稳定性。④电堆技术研发主要侧重电堆结构、液流框、运行方式等，重点解决的问题也是降低成本、降低工艺复杂性、提升效率与稳定性等。⑤双极板/集流板技术研发侧重点，最关注的也是成本降低问题、工艺复杂性问题，以及提高效率。⑥电池系统研发主要侧重于电池控制与管理、运行或操作方法、系统结构、设计集成等，最关注的问题是提升使用效率、降低成本、降低工艺复杂性，也比较重视使用寿命、安全性、便利性问题。⑦电控技术研发重点是提升安全性、效率，降低成本。⑧检测评价技术方面，重点关注技术的复杂性、便利性、成本与效率问题。⑨应用方面，主要关注相关的应用成本、复杂性、效率、稳定性、安全性等问题。在各个研发方向，全球主要的专利技术策源地、技术布局重地仍是中、美、日、韩四个国家。中科院在多个技术研发方向都是全球重要专利申请人，尤其在膜技术、双极板/集流板技术、电极技术、电解液技术等方向具有明显的领先优势，专利成果主要来自大连化物所、金属所、过程所。

与全球洁净能源领域其他技术相比，全钒液流电池技术专利申请活跃率处于中高水平，相关专利申请的存活质量、权利稳定性都表现较佳。双极板/集流板技术、电控技术和相关应用领域的专利申请活跃率较高。

与全球洁净能源领域其他技术相比，全钒液流电池技术专利转让率相对偏高。

电极相关专利技术转让数量最多，然后是膜技术、电解液技术。检测评价技术的专利转让数量绝对值不多，但是转让率最高。专利转让活动大部分发生在美国，除官产学研类型机构外，多家金融机构参与了相关专利转让活动，显示了资本界对于液流电池技术的高度关注。与专利转让活动相比，专利许可数量较少，以普通许可方式为主。

与全球洁净能源领域其他技术相比，全钒液流电池技术专利涉诉率处于中低位水平。日本、美国、印度、韩国、巴西和欧洲是专利诉讼多发地。在日本，专利诉讼主要涉及电极、膜和电解液技术。在印度，膜技术相关诉讼最多，且除电极与电解液技术外，相关应用、检测评价技术方面的诉讼也较突出。在韩国，电解液技术相关诉讼最多。在巴西，主要是相关应用、电堆技术。

第4章　重要机构洁净能源领域知识产权发展

4.1　美国能源部

美国能源部（United States Department of Energy，DOE）起源于第二次世界大战的“曼哈顿”工程，经过半个多世纪的发展，逐渐由核武器研制拓展至核电、化石能源、可再生能源等领域。美国能源部是美国联邦政府的下属部门，主要负责美国联邦政府能源政策制定、能源行业管理、能源相关技术研发、武器研制等。美国能源部现共有17个国家实验室，既有科学类国家实验室，又有工程类国家实验室，既有单一学科国家实验室，又有综合性国家实验室。

美国能源部的使命是通过变革性的科技解决方案解决面临的能源、环境和核挑战，确保美国的安全和繁荣。具体包括：①能源领域，促进美国能源系统的及时、实质性和高效转型，确保美国在能源技术领域的领先地位；②科学与创新方面，保持美国在科学和工程领域的活力，为经济繁荣提供助力；③核安全与安保方面，通过国防、防扩散和环境努力加强核安全❶。

4.1.1　专利创造与运用

4.1.1.1　专利申请及授权

截至2021年8月，美国能源部及其下属实验室在洁净能源领域的全球专利申请共计8062件。

从专利申请情况来看（图4－1），2000—2008年美国能源部及其下属实验室在洁净能源领域专利年度申请量整体呈缓慢增长趋势。2009年，美国政府颁布了以发展新能源为重要内容的经济刺激计划《美国复苏与再投资法案》（ARRA），促进了洁净能源领域的专利申请，美国专利申请量快速增长，至2012年年度申请量达到最高值，大约是2000年年度申请量的3.3倍。2014年申请量开始下降，在2017年稍回升后，继续保持下降的趋势。原因可能是政府叫停了30多项关于环境保护的法规，意欲重新振兴美国的化石能源，推行其扶持化石能源新政。

❶ Department of Energy. Mission [EB/OL]. (2021－09－11) [2021－09－11]. https://www.energy.gov/mission.

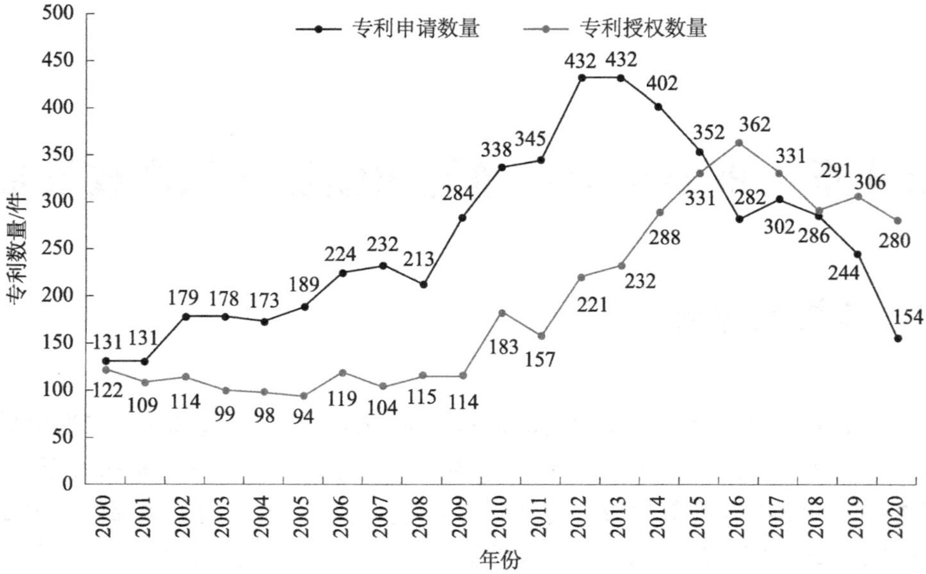

图4－1　美国能源部洁净能源专利申请和授权趋势

从专利授权情况来看，2000—2009 年，美国能源部及其下属实验室在全球的相关专利家族年度授权数量稳定，保持在 100 件左右。与专利申请趋势呈连锁效应，专利授权量在 2010—2016 年增长，2016 年年度授权量大约达到 2000 年年度授权量的 2.9 倍，2017 年年度授权量开始下降，2019 年稍回升后继续下降。可以看出，2000—2014 年美国能源部及其下属实验室专利授权量与当年专利申请量的比例基本稳定，大约占一半规模。2015 年之后，当年专利授权量已经超越当年专利申请量，专利申请活动呈现出疲软状态。

4.1.1.2　当前法律状态

美国能源部及其下属实验室在洁净能源领域的专利失效率较高（为 56.0%），专利有效率为 37.7%，当前已获得授权以及授权前景待审未明的申请在申请总量中不到一半（图 4－2）。结合专利申请活动趋势（图 4－1）判断，近几年相关专利申请活动的衰减，导致了美国能源部相关专利的整体活跃度降低，后续在洁净能源领域的技术更新潜力可能不足。

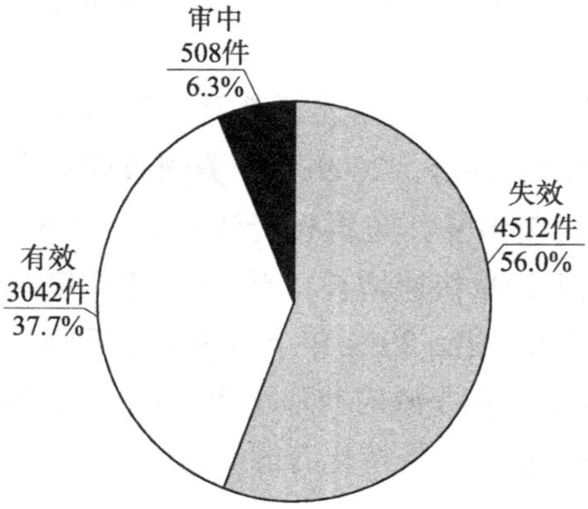

图4－2　美国能源部洁净能源专利法律状态分布

4.1.1.3 专利市场布局

（1）重点布局市场。

美国能源部及其下属实验室洁净能源专利市场布局的首要重心是美国国内市场；其次是欧洲市场，主要是德国、英国、法国，专利布局数量显示其是美国能源部的二级市场；然后依次是加拿大、日本、意大利、澳大利亚（图4－3）。将国外专利布局重点放在欧洲、北美、日本等地，可能是因为这些地区重视新能源开发因而技术与市场潜力较大，同时具备良好的知识产权保护环境。

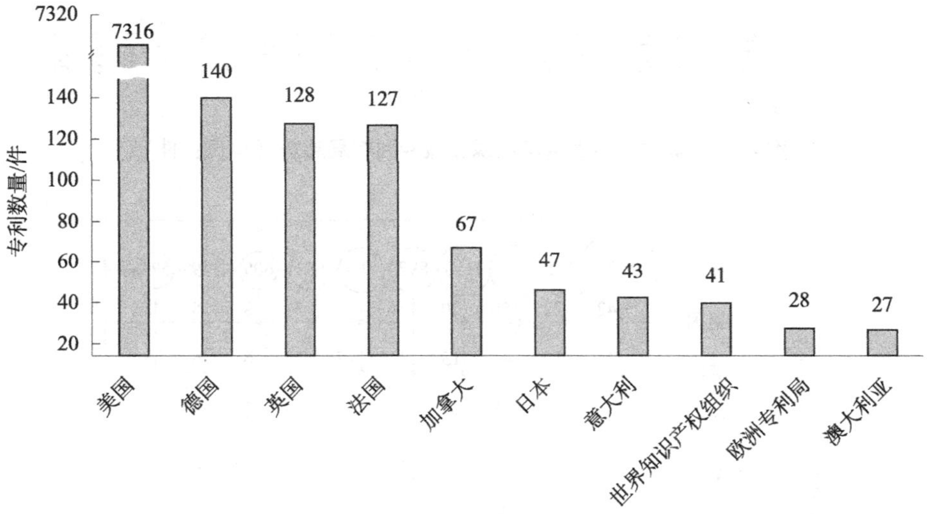

图4－3 美国能源部洁净能源前10位专利布局地

（2）布局时间趋势。

美国能源部及其下属实验室在美国的专利申请数量从2000年起到2012年基本保持持续增长，2012年以后专利申请量逐年下降（图4－4）。值得注意的是，2000年以来美国能源部专利布局的战略特点是高度重视关注美国国内市场，国外专利申请数量极少。尤其是对欧洲战略，除通过欧洲专利局申请了少量专利外，未针对欧洲几个主要国家申请相关专利。在加拿大、日本、澳大利亚有少量申请。

（3）市场技术重点。

美国能源部洁净能源领域专利海内外市场布局的技术重点各有侧重（图4－5）。

在美国国内市场，美国能源部专利技术布局的首要重点是与发电输电配电相关的温室气体减排相关技术（分类代码Y02E60），专利布局数量2507件，几乎是排在第二位可再生能源发电相关技术（分类代码Y02E10，1261件）的两倍。第三、第四位布局重点分别是核能发电相关技术（分类代码Y02E30，1115件）、电极相关技术（分类代码H01M4，1113件）。此外还涉及若干其他技术方向，总之美国国内专利布局方向比较全面。

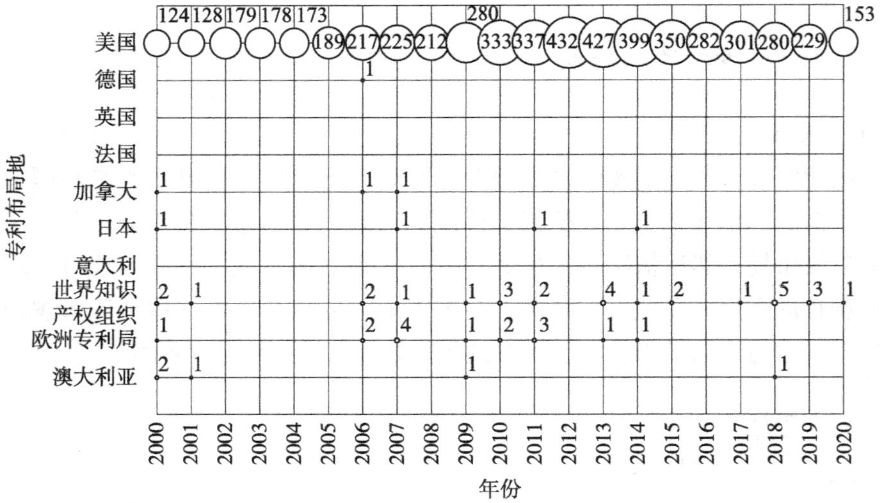

图4-4　美国能源部洁净能源领域专利布局趋势（单位：件）

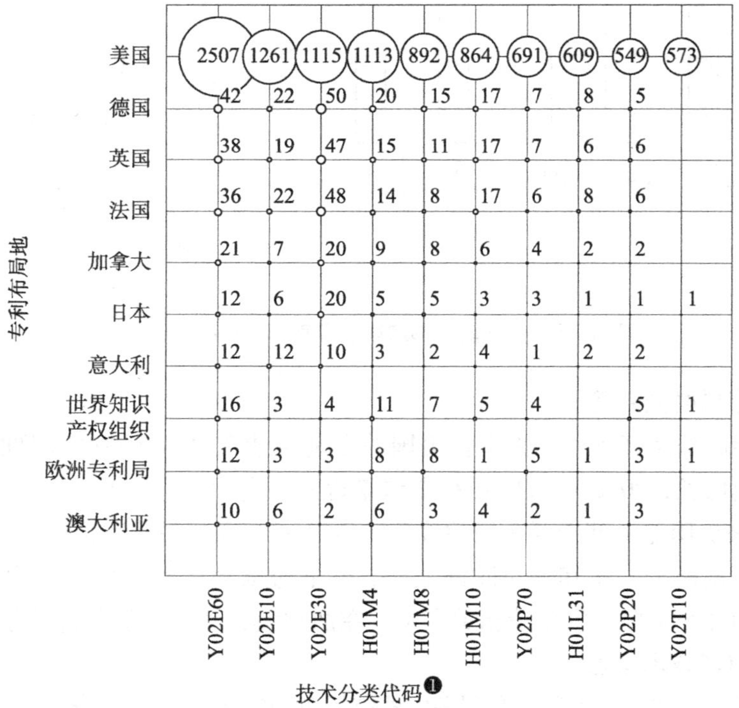

图4-5　美国能源部洁净能源领域专利技术分布（单位：件）

针对德国、英国、法国、日本市场，美国能源部专利布局的首要重点是核能发电相关技术（分类代码 Y02E30），其次才是发电输电配电相关的温室气体减排相关技术（分类代码 Y02E60）。

---

❶ 采用联合专利分类体系（CPC）划分，本章余同。

针对加拿大、澳大利亚市场的专利布局重点，与美国国内市场相似。

4.1.1.4　专利技术布局

综合来看，美国能源部的洁净能源领域相关专利技术的主要构成如下。

（1）储能领域，主要涉及发电输电配电相关的温室气体减排相关技术（分类代码 Y02E60），电极技术（分类代码 H01M4），燃料电池及其制造（分类代码 H01M8），蓄电池及其制造（分类代码 H01M10），能量转换相关半导体器件与零部件及其相关工艺或仪器（分类代码 H01L31）。

（2）可再生能源领域，主要涉及可再生能源发电（分类代码 Y02E10）。

（3）低碳工业领域，主要涉及低碳交通（分类代码 Y02T10），工业或消费品生产过程的气候变化减缓技术（分类代码 Y02P70），低碳化工相关技术（分类代码 Y02P20）。

专利合享价值度❶评价结果显示（图 4－6），美国能源部洁净能源专利价值度总体较高，高价值度区间（合享价值度 8～10 星级）的专利数量占洁净能源专利总量的80%以上。其中，合享价值度10 星级（最高级）的专利数量共有3861 件，接近洁净能源专利总量的一半。

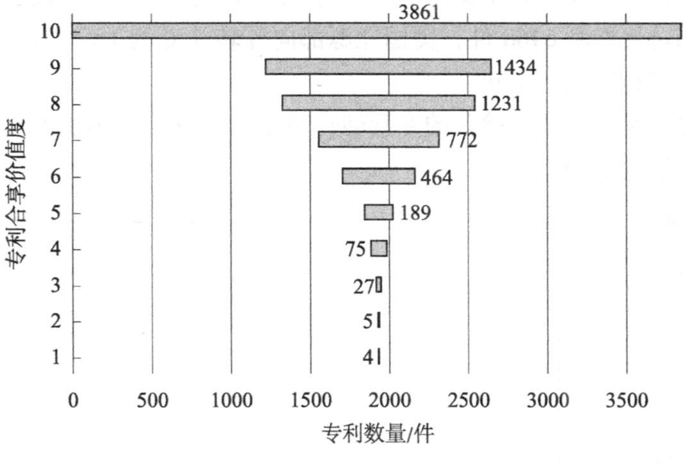

图 4－6　美国能源部洁净能源领域专利价值度分布

美国能源部被引频次最高的 30 件洁净能源专利中，八成以上属于能源转化相关技术，以储能技术、可再生能源技术专利数量最多，分别有 11 件高被引专利（图 4－7），反映出美国能源部在储能和可再生能源领域的技术影响力。

❶ 专利合享价值度是北京合享智慧科技有限公司研发的专利价值模型的应用结果。该专利价值模型融合了专利分析行业内常用的技术指标（如技术稳定性、技术先进性、保护范围层面的 20 多个技术指标），通过设定指标权重、计算顺序等参数，实现对每篇专利进行专利强度自动评价。

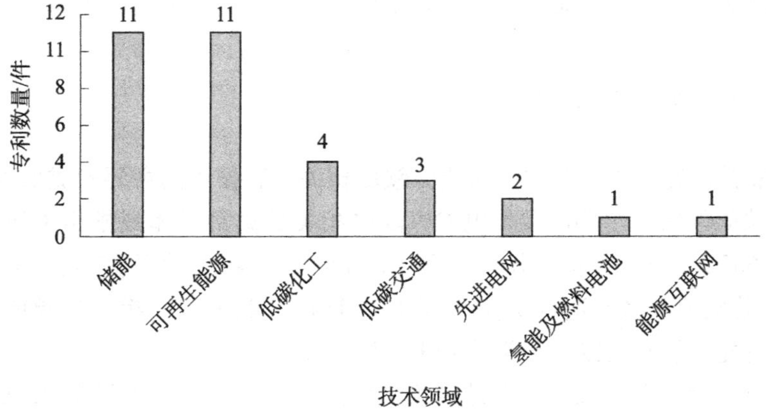

图4－7　美国能源部洁净能源领域核心专利技术分布

4.1.1.5　专利转让

根据美国相关法律的规定，由美国能源部提供资金资助的专利产出，最终专利所有权属于美国能源部，由美国能源部授权其他公司和机构使用该专利技术。在美国能源部及其下属实验室参与的6593件专利转让中，由个人发明人或实验室向美国能源部转让专利6468件，美国能源部向外转让专利125件，专利转出数量仅占所有专利转让数量的1.9%。

美国能源部及其下属实验室的专利转让活动主要发生在美国本土（图4－8），占专利转让总量的92.8%。

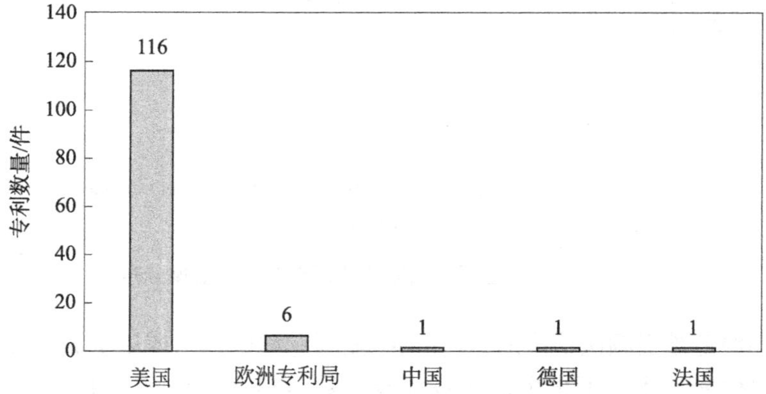

图4－8　美国能源部洁净能源领域专利技术转让活跃地

美国能源部专利转让最活跃的是储能领域、可再生能源领域相关技术，许多专利转让活动都与能源转化技术有关（表4－1）。另外，对化工领域也有部分投入，低碳化工相关专利技术转让17件。

表 4－1　美国能源部洁净能源领域专利转让活跃技术　（单位：件）

序次	技术领域	技术分类代码	专利转让数量
1	储能	Y02E60	53
2	储能	H01M4	33
3	储能	H01M10	24
4	可再生能源	Y02E10	24
5	可再生能源、储能	Y02P70	14
6	储能	H01M8	11
7	可再生能源	H01L31	10
8	储能	H01M2300	9
9	氢能及燃料电池、低碳化工	Y02P20	9
10	低碳化工	Y02E20	8

美国能源部专利转让活跃技术多与储能相关，可能是由于储能系统的成本持续下降，政策支持力度不断加大，以及联邦政府和各州政府的监管改革，共同将美国储能技术产业化推入了“快车道”。在技术研发与转移转化并重的局面下，预计未来储能领域的技术发展及产业生态建设潜力十足。可再生能源作为近年来的热门研究领域，其创新发展程度及技术转化转移呈现出火热的发展势头。

4.1.1.6　专利诉讼

美国能源部及其下属实验室在洁净能源领域涉诉专利共计 141 件，诉讼率 1.7%。专利诉讼几乎全部发生在美国，为 139 件（图 4－9）。

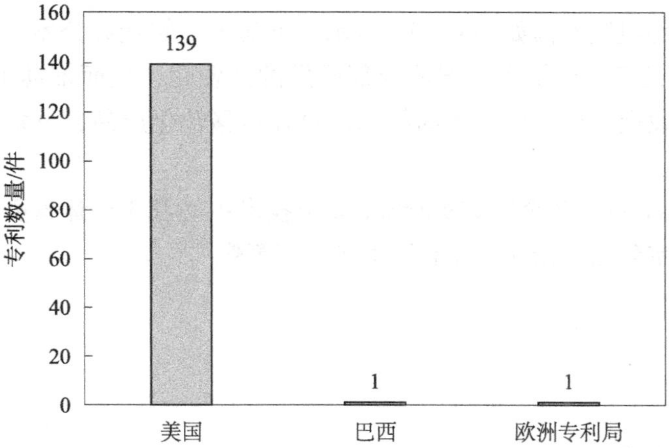

图 4－9　美国能源部洁净能源领域专利诉讼活跃地

美国能源部专利诉讼的焦点主要集中在储能技术、可再生能源技术，未涉及化工相关技术（表4-2）。141件涉诉专利均属储能和可再生能源领域，发生诉讼最多的是发电输电配电相关的温室气体减排相关技术（分类代码Y02E60，58件），其次是可再生能源发电相关技术（分类代码Y02E10，29件）、燃料电池及其制造技术（分类代码H01M8，27件）和电极技术（分类代码H01M4，23件）。

表4-2 美国能源部洁净能源领域专利诉讼活跃技术 （单位：件）

技术分类代码	涉诉专利数量	所属领域
Y02E60	58	储能
Y02E10	29	可再生能源
H01M8	27	储能
H01M4	23	储能
H01L31	19	可再生能源
H01M10	15	储能
Y02E30	14	核电及核能非电利用
Y02P70	14	可再生能源、储能
H01M2004	10	储能
Y02T10	10	储能、低碳交通

4.1.2 管理运营

4.1.2.1 管理架构

美国能源部组织架构如图4-10所示。下属技术转让办公室（OTT）成立于2015年2月，任务在于扩大美国能源部研发的商业化，从而推动美国国家经济、能源及安全的发展，可以说是美国能源部对外转移转化产品、设备及专业知识的枢纽。

美国能源部下设17个国家实验室、2个技术中心及3个运营委员会。涉及能源领域的实验室包括劳伦斯伯克利国家实验室等❶。

❶ Department of Energy. U. S. Department of Energy Organization Chart [EB/OL]. (2022-03-09) [2022-05-24]. https://www.energy.gov/articles/us-department-energy-organization-chart.

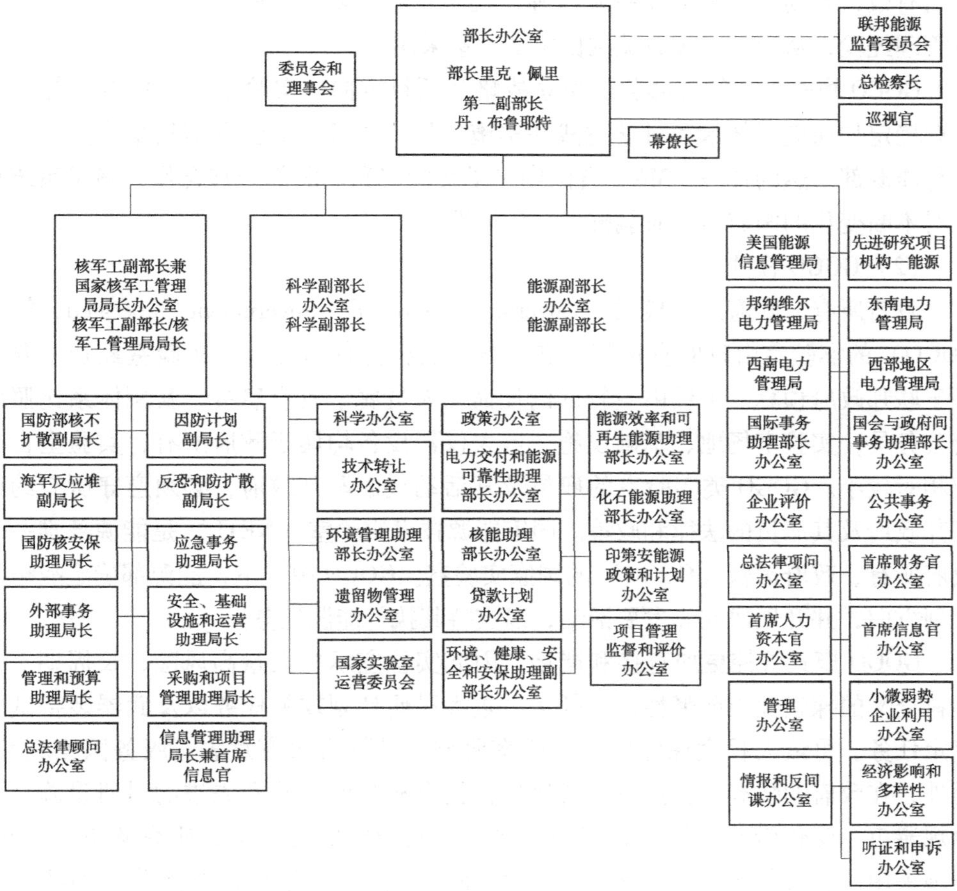

图4-10 美国能源部科研管理架构

4.1.2.2 国家实验室运行模式

（1）GOCO模式。

政府所有、承包商运营模式（government-owned，contractor operated，以下简称“GOCO”）下，能源部通过竞争选择承包商运营实验室和配套实验室研发资金，并执行能源部的任务。GOCO模式还包含再竞争过程，使能源部领导层能够选择运营商核心人员和管理层，以提高承包商的业绩、支持战略方向、保持人才队伍。除国家能源技术实验室外，所有国家实验室都通过（GOCO）模式进行管理。

GOCO模式下，实验室的土地、研究设施和主要经费由政府提供，管理工作则通过签订管理和运营（M&O）合同委托给企业、大学或非营利机构等承包商，实验室主任和职员是承包商的雇员，政府不直接干预实验室的具体运行。GOCO模式有利于实验室对国家战略和社会需求做出快速响应，使资源配置和使用更加灵活有效，有助于吸引世界一流的科学人才，还可以更好地利用大学和企业的研发管理经验，从而被大多数美国国家实验室采用。

GOCO 模式下，能源部负责建立战略和项目方向，实验室则利用专业知识来精确确定如何应对技术和科学挑战并实施项目。并且，实验室不只是作为承包商执行能源部下达的任务，M&O 合同约定了实验室和能源部能够合作，确保系统在应对不断变化的国家需求时能够保持敏捷性。

（2）GOGO 模式。

政府所有、政府运营模式（Government - owned，Government - operated，简称 GOGO）的实验室由政府直接管理和运营，实行主任负责制，实验室经费主要来源于联邦政府预算。主任由主管部门任命，人员属于政府雇员，薪酬体系比照政府公务员；实验室场地、基础设施、重大仪器设备均属于政府所有，实验室自主权相对较小。GOGO 类实验室的雇员及其活动代表联邦政府，必须遵守所有约束联邦政府及其雇员的法律和政策。国家能源技术实验室（NETL）是能源部唯一一个政府所有、政府运营（GOGO）的国家实验室。GOGO 模式下，能源部确定战略和计划方向，并开展研究和发展活动，以支持其执行能源任务。

GOGO 模式管控更加直接和严格，因此实验室承担大量高风险、长周期、多学科交叉的探索性与前瞻性研究任务、重大科研计划攻关任务以及武器装备试验鉴定任务，可最大程度保障国防实验室研究活动体现政府意志、服务国家利益。另外，在政府的强有力支持下，科研机构拥有充足的经费和先进的科研设施，可以规避市场变化带来的风险，有利于建立一支稳定的高水平的研究队伍。因此，美国采用该管理模式的多为涉及武器装备的关键技术领域，例如美国国防部和 NASA 下属的大部分实验室。但是，GOGO 模式存在体系规模庞大、管理模式趋于僵化、运行效率偏低、改革难度较大等缺陷❶。

4.1.2.3 创新机制

（1）创新生态体系构建。

美国能源部及下属国家实验室与外界的合作研究活动几乎覆盖了所有科学领域，以及推动成熟技术的市场化应用。合作对象包括其他联邦机构、学术界和企业，涵盖从涉足某个细分领域的小规模科研机构乃至具备数十位来自不同学科领域专家的大型研究中心。对于大学而言，与国家实验室的合作可以帮助他们获取依靠自身难以配置的大型、复杂、专业化的设备设施资源。对于企业而言，与国家实验室的合作不仅帮助他们获取研究和运营的关键资源，还有助于拓展商业影响、获取纳税人的投资回报。在合作过程中，借助在多个领域积累的先进研究成

❶ 杨博，王振，李斌，王蔚. 美国国防实验室三种管理模式对比分析［EB/OL］.（2020 - 04 - 26）［2021 - 09 - 11］. https：//new. qq. com/omn/20200426/20200426A098PG00. html.

果和专业知识网络，国家实验室作为研发系统中的关键枢纽，具有对研发取得的基础进步和应用技术成果进行整合集成的优势。

为了更好地构建和运行研究合作伙伴关系，美国能源部建设了一套灵活的合作系统机制，包括研究中心、创新中心、研究分包、合作研究开发协议（CRADA）、战略伙伴关系项目（SPP）和技术商业化协议（ACT）等。年度实验室招标允许美国能源部的应用能源技术办公室直接资助核心和赋能科技，用于鼓励实验室间合作和构建更大型联盟，完成具有挑战性的目标[1]。美国能源部与大学的主要合作模式包括机构间的技术交流、研究人员科研合作、联合研究计划、教育培训活动等。国家实验室每年花费超过5亿美元用于培养8000多名学生、博士后以及直接向大学提供学术研究资助。

（2）国家实验室间合作。

① 实验室之间创新合作模式。

实验室之间合作的三个主要模式是实体间工作指令（IEWOs）、国家劳资关系委员会（NLDC）和奥本海默科学与能源领导计划（OSELP）。

- 实体间工作指令（IEWOs）

IEWOs广泛应用于合作实验室之间，该模式涵盖了研发、科学项目合作、软件开发、材料测试和表征、工程分析和设计以及项目管理。IEWOs使实验室合作伙伴之间的资金流转转移和合作内容无须签订单独协议。2019财年，通过IEWOs模式在国家实验室之间流转的资金超过6亿美元。

- 国家劳资关系委员会（NLDC）

NLDC是由17个实验室的负责人组成的自组织、自治性机构，NLDC提高了实验室在满足国家需求方面的有效性，并提供了与美国能源部的连接渠道。NLDC下设有一个论坛，方便能源部长和能源部高级管理层就影响实验室及其为能源部任务的贡献能力等相关问题达成共识。此外，NLDC建立有常设工作组，由实验室中最资深的运营和科研领军人物组成，这是协调整个国家实验室从科学方向到运营管理及相关要求等问题的关键机制。NLDC及其工作组是美国能源部可调用的重要资源，可以帮助制定战略和政策。

- 奥本海默科学与能源领导计划（OSELP）

OSELP是由美国能源部和NLDC创建的年度奖学金计划，旨在培养和留住新兴实验室领导者。OSELP研究员由实验室主任提名，并由前实验室主任和前DOE高级官员组成的委员会评估，最终由NLDC选拔产生，意在鼓励这些研究员探索能源部面临的复杂挑战和发展机遇。2020年，NLDC扩展了奥本海默计划，创建了奥本海默领导力网络，这是一个正式的OSELP校友网络，作为智力资源，支持当前领导团队管理和规划实验室。

---

[1] Department of Energy. The State of the DOE National Laboratories (2020 Edition) [EB/OL]. (2021-01-19) [2022-03-03]. https://www.energy.gov/sites/default/files/2021/01/f82/DOE%20National%20Labs%20Report%20FINAL.pdf.

② 实验室间技术转移。

DOE 还通过促进实验室之间技术转移，创造了技术流通和市场化的机会。其中包括加速技术商业化的实践（PACT）计划，征集旨在提高技术商业化新方法的项目，涉及降低交易成本、提高为私营部门提供有效服务的能力等。成果案例包括通过将实验室发明与市场需求联系起来加速商业化（ACCLAIM）项目、网络安全技术集中和商业化项目、InVentorship 和 EntrepReneurship 战略、CMI 开发技术项目和技术转移研究员联络计划等。

4.1.2.4 知识产权运营

（1）知识产权管理机构。

美国能源部 OTT 组织架构及人员配置见图 4－11。OTT 主任兼任技术转让协调员，履行《美国 2005 年能源政策法案》（Energy Policy Act of 2005，EPAct 2005）描述的法定职责，并且担任能源部长在技术转让和商业化相关事务方面的主要顾问。OTT 负责美国能源部技术商业化战略愿景和目标的实现，协调与其他部门的合作，包括国家核安全管理局（NNSA）和环境管理办公室（EM），促进与高级研究计划署能源项目（ARPA－E）和贷款计划办公室（LPO），负责有关技术转让的法定授权计划和报告。OTT 主要业务范围如下[1]：

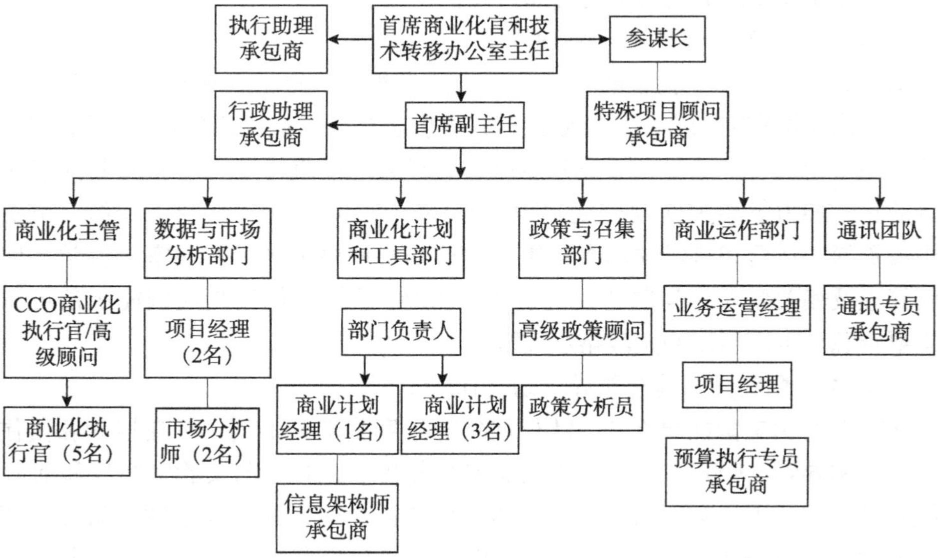

图 4－11 美国能源部 OTT 组织架构及人员配置

• 数据管理和分析：编制能源部技术转让年度报告，报送国会并提供给纳税人。报告收集技术转让相关数据，帮助国家实验室、其他合作伙伴和部门建立明

[1] Technology Transfer Execution Plan 2016—2018.

确的发展目标和有效的指标，用于持续改进能源部任务、帮助了解和激励实验室规划、评估实验室人员专业发展等。

• 基于证据的影响评估和分析：收集整个部门技术转化指标，产出和成果评价指标，以及来自能源部国家实验室和资助对象的其他信息以了解部门的商业影响力。OTT 对计划和活动进行研究，例如商业化技术试点协议，为能源部决策和政策制定提供信息。针对特定技术领域进行深入的案例研究，以评估能源部的研究、开发、示范与部署组合（RDD&D）的影响。

• 促进技术转化：OTT 每年都会举办多次利益相关者圆桌会议、研讨会和其他会议。这些与利益相关者和 DOE 国家实验室的接触为国防部提供了关于如何通过简化合作机制和增加能源部资助技术的信息交流等方式，促进技术部门向美国商业部门反馈。OTT 开发活动，如“合作服务”，可以通过促进与潜在合作伙伴和国家实验室有效沟通，帮助打破与联邦科学家的交流障碍，增强能源部与私营部门的接触。此外，OTT 通过举办区域性研讨会以及加强实验室领导与州立和地方组织的接触与联系，激励地区经济发展。

美国能源部大多数国家实验室采用政府拥有的承包商运营模式（GOCO），这意味着它们由能源部所有，但由公司、大学或大学联盟根据管理和运营（M&O）合同进行管理。M&O 合同规定了承包商获得所有权和许可能源部技术，在 M&O 承包商和被许可人之间签订技术许可协议，在大多数情况下，当实验室的 M&O 承包商发生变化时，离开的承包商会将其拥有的实验室技术所有权转让给继任承包商。能源部选择许可对象的依据包含研发竞争力、金融资源、管理能力、相关市场经验等。部分技术许可还包含对被许可人的绩效要求，被许可人具有将技术开发成产品和/或服务方面的预期进展与商业计划要求。一些能源部实验室要求被许可人提供商业化计划，通常包含有关一般业务、机会、市场、商业化里程碑以及实现这些里程碑所需资源的详细信息[1]。

（2）成果转化机制。

① 技术转移办公室。

技术转化办公室（OTT）促进指导能源部、国家实验室和私营部门的合作研究、战略伙伴关系、设施访问和技术转让，目的是扩大能源部研发组合的商业影响。OTT 主要通过分析当前计划和实践，分析需求和补充关注的领域，并提出新的发展计划和机制来增强能源部投资的影响。作为 OTT 的补充，国家核安全管理局设有战略合作伙伴计划办公室，旨在发展和维持与联邦及非联邦实体的关系。

② 创新创业计划。

为了促进技术市场化，美国能源部和国家实验室实施了实验室嵌入式创业计划（LEEP），将顶尖的创业科学家和工程师纳入国家实验室从事早期研发，这些

---

[1] Office of Technology Transitions. TTWG Licensing Guide [EB/OL]. (2015-01-26) [2022-03-03]. https://www.energy.gov/sites/default/files/2019/08/f65/TTWGLicensingGuide2019_0.pdf.

人员的研究内容主要面向引领未来能源或制造行业发展的关键技术。LEEP计划兼顾了早期技术研发和创业发展特点，为创新者提供了将他们的想法从实验室延伸到商业化应用的平台。一些LEEP计划成功案例见表4-3。

表4-3 LEEP计划典型案例

案例	实施机构	成效
Cyclotron Road	劳伦斯伯克利实验室	来自世界各地的创业科学家和工程师融入了劳伦斯伯克利实验室的研究系统，获得了资金、访问渠道、培训和指导，用以完善其想法，实现了从概念到第一个产品，帮助他们定位最合适的商业途径将其技术规模化
链式反应创新（CRI）	阿贡国家实验室	专注于能源和科学技术的创新者获得早期研发所需的资金和技术支持。向全国最优秀的创新工作者传授开发变革性清洁能源技术和先进制造业创新所需的创业技能
创新十字路口	橡树岭国家实验室	将美国顶尖的创新者与相关技术领域的专家、导师和网络联系起来，将研发转化为市场应用。参与者将获得奖学金、旅行津贴、用于ORNL合作研究和开发工作的大量赠款，以及建立可持续商业模式的综合援助
Energy I-Corps成功计划❶	—	为国家实验室的研究人员提供了解他们的技术在现实世界中相关性的途径，为未来的研究计划提供信息，并确定技术的市场可行性途径。通过实现将研究人员与拥有丰富专业知识的行业导师进行配对来培养创业技能。每个指导团队都会参加为期两个月的强化培训计划
FedTech	—	将企业家与跨联邦机构开发的技术联系起来，如能源部、国防部（DoD）、美国宇航局、内政部（DOI）和财政部（DOT）、大学、企业研发部门和其他实验室。FedTech拥有广泛的孵化器、加速器和企业家网络，提供将能源部技术和发明者与企业家申请人配对的机会。采用“精益”创业商业模式来定位技术合作伙伴，以成功启动一项围绕该技术的风险投资
驻地技术专家（TIR）计划	美国能源部	简化国家实验室与企业之间的早期合作，涉及竞争性的选拔，包括来自国家实验室的高级技术人员和来自行业、公司财团或者州立或地区经济发展实体的高级技术人员，这些技术专家共同工作18到24个月，完成目标：确定技术优先事项及可能适合解决这些问题的国家实验室的资源；提出最具战略意义的科学、技术和商业问题的解决方案；建立总体框架协议并开始为拟议的合作研发工作制定具体的工作范围
技术到市场（T2M）	能源高级研究计划署	提供资源和指导，帮助研究人员获得相关技术创新和商业化所需的战略市场洞察力。为项目团队提供支持和管理，旨在更好地使技术与市场需求保持一致。协助团队与第三方投资者和合作伙伴合作，以支持针对特定市场应用的技术开发

❶ Office of Technology Transitions. FY20 Energy I - Corps Annual Report [EB/OL]. (2020-12-18) [2022-03-03]. https://www.energy.gov/sites/default/files/2020/12/f81/Energy%20I-Corps%20Annual%20Report%202020.pdf.

③ 成果归属。

美国能源部涉及成果归属的条款包括：

• 技术商业化协议（ACT）：这是能源部 M&O 承包商直接与合作伙伴签订的合同。ACT 旨在使非联邦实体与国家实验室之间的谈判更加灵活和及时，提供了更多面向私营行业实践的灵活条款和条件，例如知识产权、定价、付款安排、多方研发合作伙伴关系的补偿和发展。

• 技术许可协议（TLA）：为国家实验室的专利和/或受版权保护的知识产权（IP）提供商业化权利，通常由 M&O 承包商持有和许可。由于联邦资助研究许可的法律和政策以及有关知识产权的能源部政策的存在，TLA 可能包括诸如权利进军、政府使用权和赔偿等条款。

• 材料转让协议（MTA）：保护提供给实验室或由实验室提供的生物材料和有形研究产品不被进一步传输。协议通常要求在协议结束时退回或销毁材料和产品。

• 用户协议：专门的标准协议，加快了对能源部科学用户设施的访问。每个用户设施管理其设施资源的分配。通常通过对提交的研究提案，潜在的非专有用户可以提出独立或合作研究。对于不打算发表的专有研究，也可以在全额回收成本的基础上访问用户设施。

（3）能源安全下的技术转移。

① 出口控制。

所有能源部实验室都必须在其许可协议中包含出口控制条款。本条款仅声明被许可方同意遵守旨在保护对美国重要的物品和信息的出口管制法律。它重申了出口管制法律法规的现有要求，并且不施加额外要求❶。

② 保密技术协议。

为确保可能在能源部和非联邦实体之间共享的专有或保密商业信息的秘密性，在与合作伙伴开展技术转移转化活动前，合作伙伴需阅读和确认“保密协议”（DNA）中的条款❷❸。

4.1.2.5　典型案例——爱达荷国家实验室

爱达荷国家实验室（INL）涉及能源、国家安全、科学和环境等领域，是设计和建造 52 座开创性核反应堆的场所，包括第一座可发电的反应堆。INL 也是为

---

❶ Office of Technology Transitions. TTWG Licensing Guide [EB/OL]. (2015-01-26) [2022-03-03]. https://www.energy.gov/sites/default/files/2019/08/f65/TTWGLicensingGuide2019_0.pdf.

❷ INL. Licensing Process [EB/OL]. (2021-09-14) [2022-03-03]. http://inl.gov/wp-content/uploads/2015/09/licensing_agreements_website.pdf.

❸ INL. Ways to do business with inl [EB/OL]. (2021-09-14) [2022-03-03]. https://inl.gov/wp-content/uploads/2016/07/do-business-.pdf.

美国社区供电的核能发电研究先驱，旨在发现、展示和确保创新性的核能解决方案、其他清洁能源解决方案和关键基础设施。

2018 年，INL 实施了 3 项研究转包项目，开展了 85 项 LDRD 项目，签订了 101 项技术许可协议和 206 项技术研究协议❶。

（1）运营模式。

INL 由美国能源部核能办公室的巴特勒能源联盟（BEA）进行管理，BEA 是一家由巴特勒全资拥有的有限责任公司。INL 由 5200 名科学家、工程师及多核和非核试验设施支持人员组成，每年预算超过 13 亿美元。领导层包括实验室主任，科学和技术实验室副主任兼首席研究官，管理与运营实验室副主任兼首席运营官，分别负责国家和国土安全局、高级测试反应堆、能源与环境、材料和燃料综合体、环境、安全、健康与质量的实验室副主任，信息管理总监兼首席信息官，安全保障总监等。

（2）技术转移机制。

爱达荷实验室提供的技术许可流程包含：合作伙伴识别许可机会（实验室提供可用于许可的技术清单和商业化经理的联系信息，并提供用以评估资源、能力和对技术商业化的证明）；随后，实验室要求被许可人确认强制性许可条款是否可以接受。在此基础上，双方开展保密协议评估，并针对商业许可条款进行谈判，包括使用领域、被许可的知识产权、费用、版税、里程碑和限制条件。随后，由商业化经理双方制定许可协议草案，提出适用于该技术的条款和条件。最后，由实验室对许可协议进行审查❷。

爱达荷实验室向潜在合作伙伴提供的技术转移途径见表 4－4❸。

表 4－4　爱达荷实验室技术转移途径

途径	合作方式	要求	成果分配	费用
合作研究和开发协议（CRADA）	与非联邦合作伙伴开展技术研发合作	产生的知识产权（IP）产品应在美国大量制造	双方享有署名权，合作方有权协商获得实验室发明的独家许可	分担费用，参与者可以资助实验室，实验室不能资助参与者
战略合作项目（SPP）	与非联邦合作伙伴开展技术研发合作	同意不授予任何一方使用或销售发明技术相关产品的专有权，除非产品实质上是在美国制造的	作为赞助商的专有数据受到保护	赞助商支付全额费用

❶ INL. STATES IMPACT flipbook [EB/OL]. (2018－09－14) [2022－03－03]. http://inl.gov/public/StateImpact2018/index.aspx? page＝4.

❷ INL. Licensing Process [EB/OL]. (2015－09－14) [2022－03－03]. http://inl.gov/wp－content/uploads/2015/09/licensing_agreements_website.pdf.

❸ INL. Ways to do business with inl [EB/OL]. (2016－07－14) [2022－03－03]. https://inl.gov/wp－content/uploads/2016/07/do－business－.pdf.

续表

途径	合作方式	要求	成果分配	费用
技术商业化协议（ACT）	与非联邦合作伙伴开展技术研发合作	同上	指定知识产权初始所有权，作为赞助商的专有数据受到保护	参与者向承包商支付全部成本回收以及额外的协商补偿
商业许可协议（评估、选择、专利和版权许可）	知识产权许可	同上	—	被许可人为使用实验室知识产权的产品和服务报销专利费用、支付许可费和版税
非商业许可协议（评估、选择权、专利和版权许可）	知识产权许可	同上	授予权利实施权，将 INL 软件放在开源软件（OSS）存储库以实现众包开发	为 USG 工作或代表 USG 工作的实体或承包商无须支付任何费用。该计划为 OSS 部署支付费用
技术援助计划（TAP）	每年 40 小时的员工时间。适合核能、清洁能源以及国家和国土安全领域的小型技术公司	偏向于美国小规模企业，且设置有重点区域	—	对成功申报者免费开放
小型企业创新研究（SBIR）和小型企业技术转移研究（STTR）	小型企业	STTR 需要双方签署知识产权协议	—	直接由联邦政府支出费用

4.2　德国弗劳恩霍夫协会

德国弗劳恩霍夫协会成立于 1949 年，是欧洲最大的应用科学研究机构，总部设在慕尼黑，拥有 75 个研究所，约 2.9 万名员工。弗劳恩霍夫协会预算资金由德国联邦政府、各州和德国公众提供，其中 30% 来自政府无偿拨款，另外 70% 来自公共竞争项目，既包含政府及公共部门的竞争性科研项目，也包含来自于企业的委托项目❶。作为一家非营利研究机构，弗劳恩霍夫协会专注未来相关的关键技术和在企业和工业中开发成果，研究领域包括健康和环境、安全与防护、出行和运输、生产和服务、信息和通信，以及能源和资源等❷，在9个欧洲国家、2个北美国家、2个南美国家、6个亚洲国家、3个非洲和阿拉伯国家都拥有分支机构❸。

弗劳恩霍夫协会的职能定位是以需求驱动和问题为导向的关键共性技术的应用研发和成果的转移转化，包括在全球背景下承担应用研究领域的技术开发和成果转化❹；并长期以合同研究方式，为产业发展提供支持。

4.2.1 专利创造与运用

4.2.1.1 专利申请及授权

截至2021年8月，弗劳恩霍夫协会在洁净能源领域的全球专利申请共计4372件。

从专利申请情况来看（图4－12），2000—2016年弗劳恩霍夫协会洁净能源领域专利申请量呈振荡上升，2016年达到年度最高值（290件）。2017年以后，弗劳恩霍夫协会洁净能源专利申请量迅速下降，可能原因是清洁能源的巨额财政补贴产生了行业发展过热、产能过剩等负面效应，对德国财政造成了巨大压力，德国政府对新能源补贴机制作出了调整，陆续推出了一系列削减或停止新能源上网电价补贴的政策，进而对相关技术研发产生了消极影响。

从专利授权情况来看，2000—2008年弗劳恩霍夫协会洁净能源专利年度授权量在较低水平徘徊，保持在50件左右，并没有因为其专利申请量的增加而随之增长。2009—2012年专利授权量保持小幅增长，经历2013年短暂调整以后，2014—2017年专利授权量进入新一轮增长期，2018年后专利授权量小幅下降，保持在100件左右水平。

---

❶ 詹同叙，张晓静，高子涵，薛力. 2018年德国弗劳恩霍夫协会科技创新、发展成果及国际科普活动动态研究［J］. 天津科技，2019，46（2）：1－4，7.

❷ Fraunhofer－Gesellschaft. Further research topics［EB/OL］.（2016－07－14）［2022－03－03］. http：//fraunhofer. de/en/research/fields－of－research. html.

❸ Fraunhofer－Gesellschaft. International locations［EB/OL］.（2016－07－14）［2022－03－03］. http：//fraunhofer. de/en/institutes/international. html.

❹ Fraunhofer－Gesellschaft. What does Fraunhofer do?［EB/OL］.（2016－07－14）［2022－03－03］. https：//www. fraunhofer. de/en/quick－links/companies/what－does－Fraunhofer－do. html.

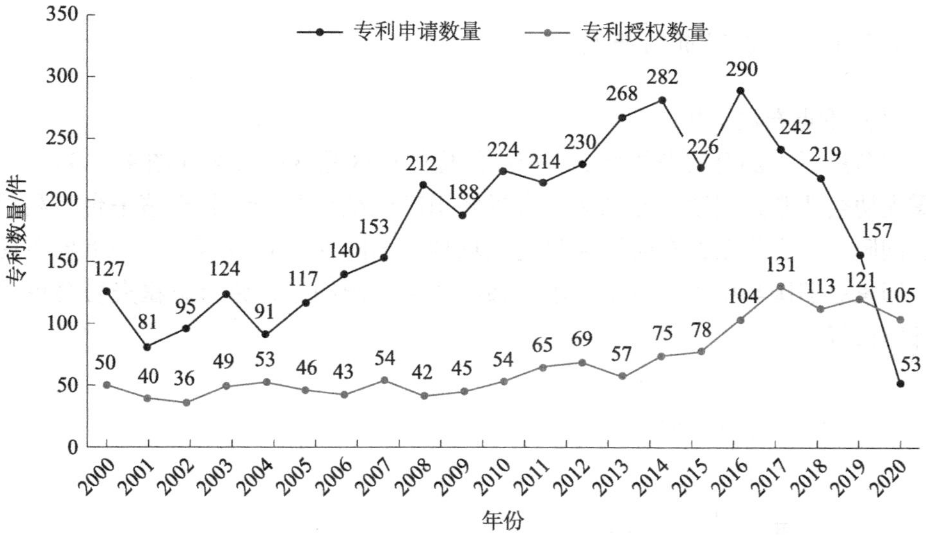

图4－12　弗劳恩霍夫协会洁净能源领域专利申请及授权时间趋势

4.2.1.2　当前法律状态

弗劳恩霍夫协会在洁净能源领域的专利失效率较高，超过6成，当前已获得授权及授权前景待审未明的专利申请仅占申请总量的38.4%（图4－13）。专利失效率较高可能是由于初期申请技术不成熟或缺乏孵化技术的配套产业体系等原因，因此出现了大量专利权放弃或驳回的情况。结合专利申请活动趋势（图4－12）判断，专利申请量在2016年之后的持续急剧下滑，对弗劳恩霍夫协会相关专利整体活跃性造成了较大的影响。

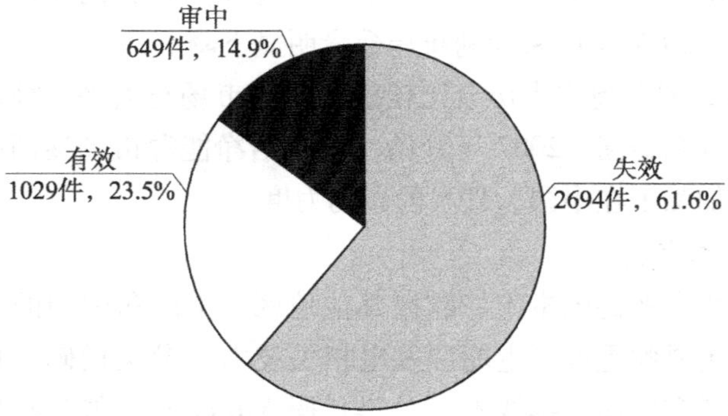

图4－13　弗劳恩霍夫协会洁净能源领域专利法律状态分布

4.2.1.3 专利市场布局

（1）重点布局市场。

弗劳恩霍夫协会洁净能源专利布局的优先地区是欧洲市场（图4－14）。弗劳恩霍夫协会非常重视欧洲专利局、世界知识产权组织两个专利申请平台，利用欧洲、国际专利合作条约布防了大量的区域性、国际性专利申请。海外市场布局的重点国家是美国与中国。对于日本、韩国2个亚洲国家，弗劳恩霍夫协会更加重视韩国市场。

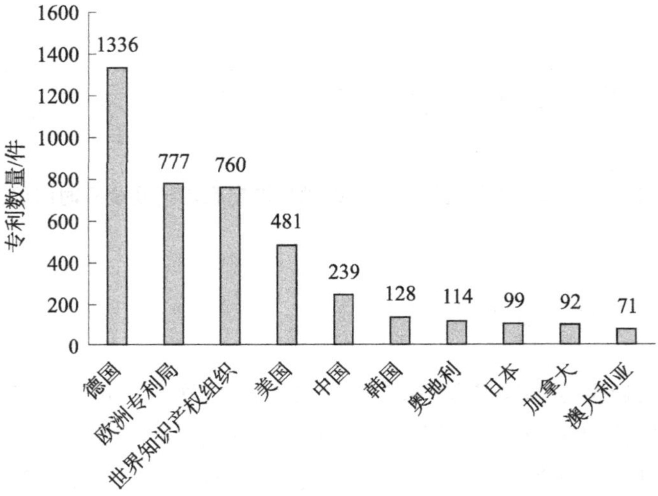

图4－14 弗劳恩霍夫协会洁净能源领域主要专利布局地

（2）布局时间趋势。

如图4－15所示，在德国，2012年前弗劳恩霍夫协会的专利申请量基本保持着持续增长态势，2012年以来专利布局数量明显下降。

21世纪初期，弗劳恩霍夫协会比较重视美欧市场与太平洋地区，专利布局重点主要是欧洲地区和美国。2007年开始，东亚洁净能源市场逐渐得到重视，弗劳恩霍夫协会逐步加强了在中国、日本的布局力度。

（3）市场技术重点。

弗劳恩霍夫协会在德国本土、欧洲其他地区、美国和中国的专利技术布局重点差异性不大，主要侧重可再生能源发电相关技术（分类代码Y02E10）、与发电输电配电相关的温室气体减排技术（分类代码Y02E60）、能量转换相关半导体器件与零部件及其相关工艺或仪器（分类代码H01L31）、工业或消费品生产过程的气候变化减缓技术（分类代码Y02P70）等（图4－16）。

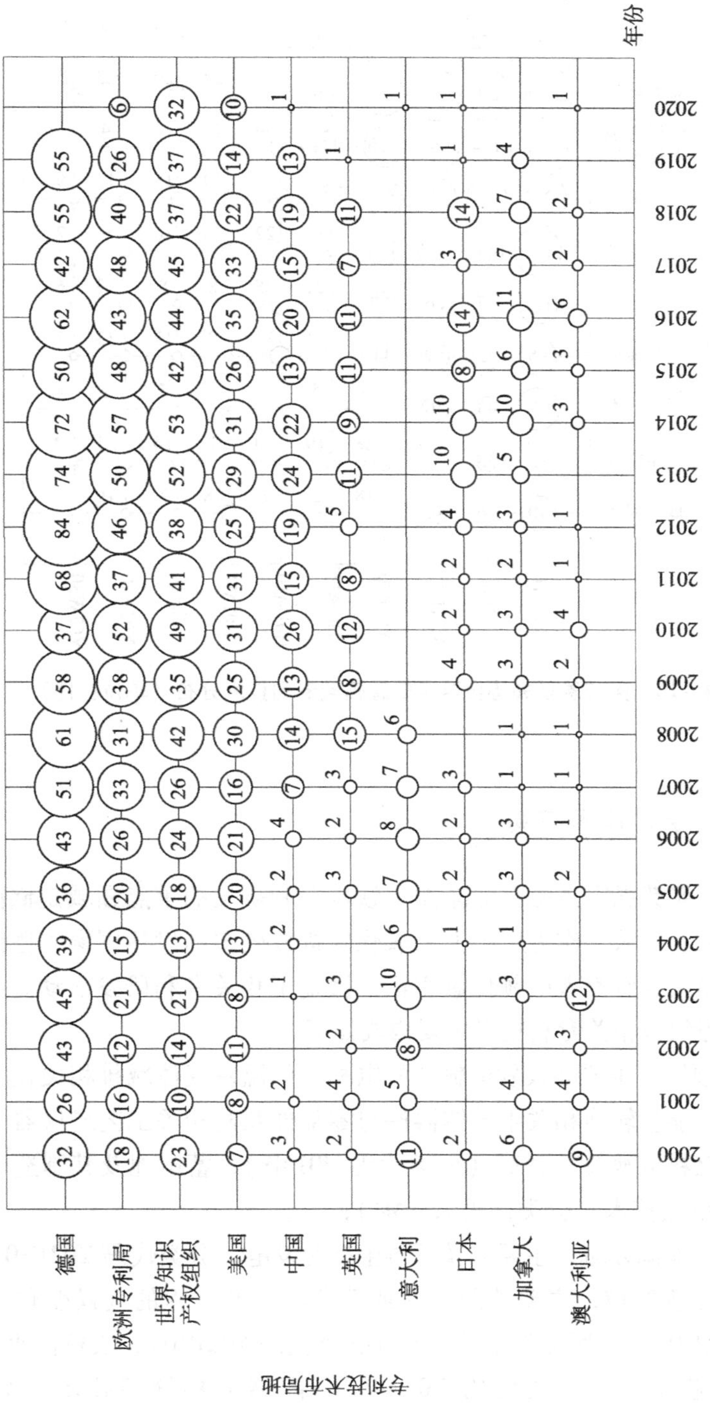

图 4-15　弗劳恩霍夫协会洁净能源领域专利布局地发展趋势（单位：件）

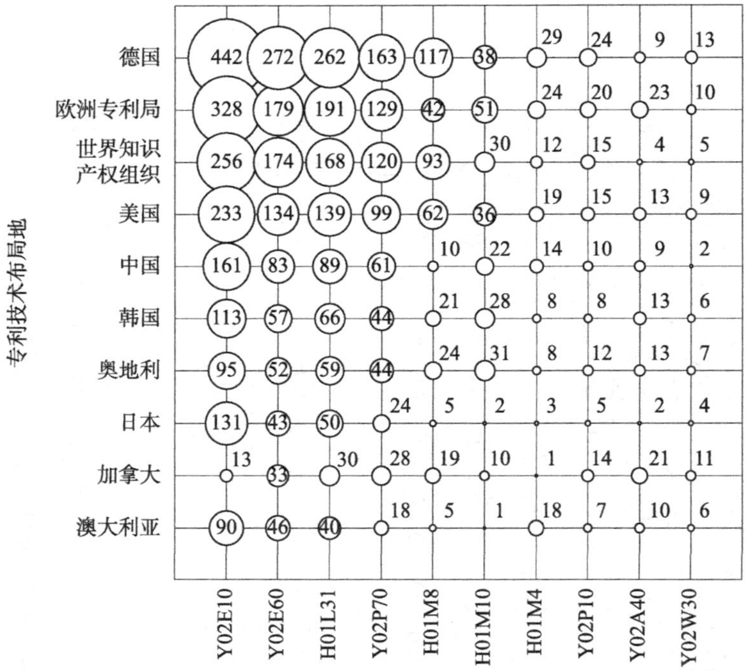

图 4-16 弗劳恩霍夫协会洁净能源领域专利技术分布（单位：件）

4.2.1.4 专利技术布局

综合来看，弗劳恩霍夫协会洁净能源领域专利研发的重点领域是储能、可再生能源、低碳工业领域。作为历史上二氧化碳排放较多的发达国家，德国采取了一系列政策并加大经费投入引领低碳生活，激励了相关专利研发活动。弗劳恩霍夫协会洁净能源领域相关专利技术主要构成如下。

（1）储能领域，主要涉及发电输电配电相关的温室气体减排相关技术（分类代码 Y02E60），能量转换相关半导体器件与零部件及其相关工艺或仪器（分类代码 H01L31），燃料电池及其制造（分类代码 H01M8），蓄电池及其制造（分类代码 H01M10），电极技术（分类代码 H01M4）；

（2）可再生能源领域，主要涉及可再生能源发电（分类代码 Y02E10）；

（3）低碳工业领域，主要涉及工业或消费品生产过程的气候变化减缓技术（分类代码 Y02P70），金属加工相关技术（分类代码 Y02P10），农林畜业或农业食品生产中的适应技术（分类代码 Y02A40），固体废物管理技术（分类代码 Y02W30）。

专利合享价值度评价结果显示（图 4-17），弗劳恩霍夫协会洁净能源领域专利价值度总体较高，高价值度区间（合享价值度 8~10 星级）的专利数量约占洁净能源专利总量的 66%。其中，合享价值度 10 星级（最高级）专利共 1321 件，约占洁净能源专利总量的三成。

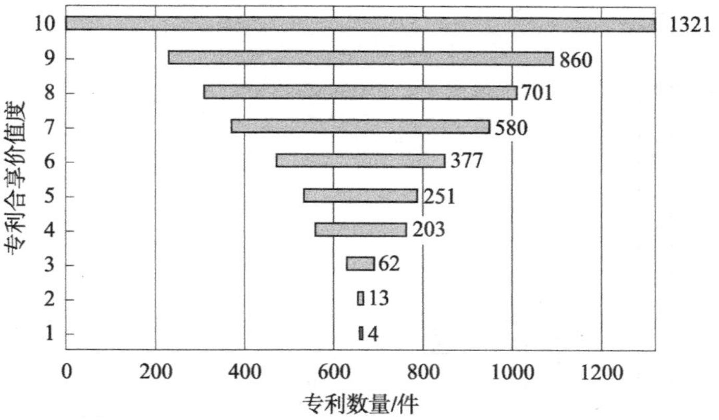

图4－17　弗劳恩霍夫协会洁净能源领域专利价值度分布

弗劳恩霍夫协会被引频次最高的30件洁净能源专利中（图4－18），可再生能源相关技术最多（11件），然后是储能技术（8件）与低碳化工技术（8件），反映出弗劳恩霍夫协会在能源转化、化工方向的技术影响力。

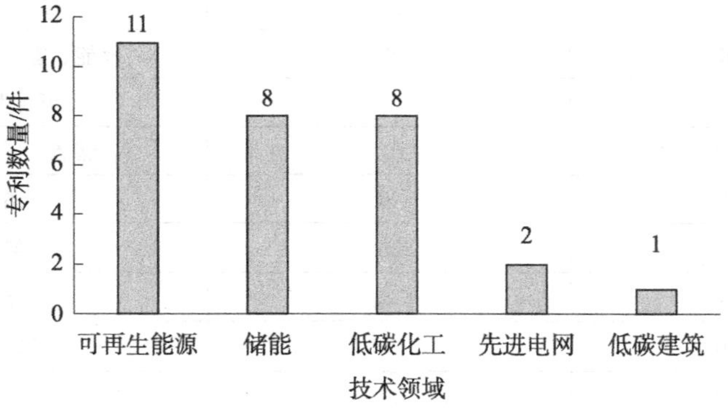

图4－18　弗劳恩霍夫协会洁净能源领域核心专利技术分布

4.2.1.5　专利转让

弗劳恩霍夫协会涉及的721件转让专利中，剔除不构成实质转让的情形之后，共有282件专利发生转让。

弗劳恩霍夫协会的专利转让活动主要发生在欧洲，欧洲市场之外最活跃的地区是美国，其余在亚洲地区发生了少量转让（图4－19）。

弗劳恩霍夫协会专利技术转让活动重心是储能、可再生能源、氢能方面，许多专利转让活动都与能源转化技术有关（表4－5），也有部分涉及低碳化工技术。

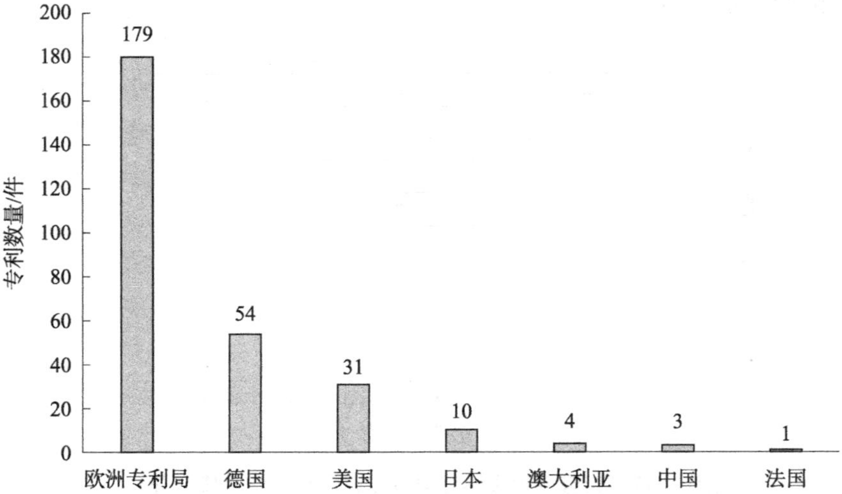

图4-19　弗劳恩霍夫协会洁净能源领域专利转让活跃地

表4-5　弗劳恩霍夫协会洁净能源领域全球专利转让活跃技术　（单位：件）

技术分类代码	专利转让数量	所属领域
Y02E10	93	可再生能源
Y02E60	79	储能、氢能及燃料电池
H01L31	62	可再生能源
Y02P70	57	储能、可再生能源
H01M8	40	储能
H01M4	26	储能
H01M10	22	储能
Y02T50	20	低碳交通
Y02P10	17	低碳化工
Y02W30	17	低碳化工

4.2.1.6　专利诉讼

截至2021年8月，弗劳恩霍夫协会洁净能源领域涉诉专利共计106件，诉讼率约为2.4%。专利诉讼主要发生在德国。巴西是在欧洲市场之外的诉讼高发地（10件）（图4-20）。

弗劳恩霍夫协会专利诉讼焦点主要集中在储能技术、可再生能源技术（表4-6）。发生专利诉讼最多的是发电输电配电相关的温室气体减排技术（分类代码Y02E60，26件）、可再生能源发电相关技术（分类代码Y02E10，24件）、工业或消费品生产过程的气候变化减缓技术（分类代码Y02P70、17件）。

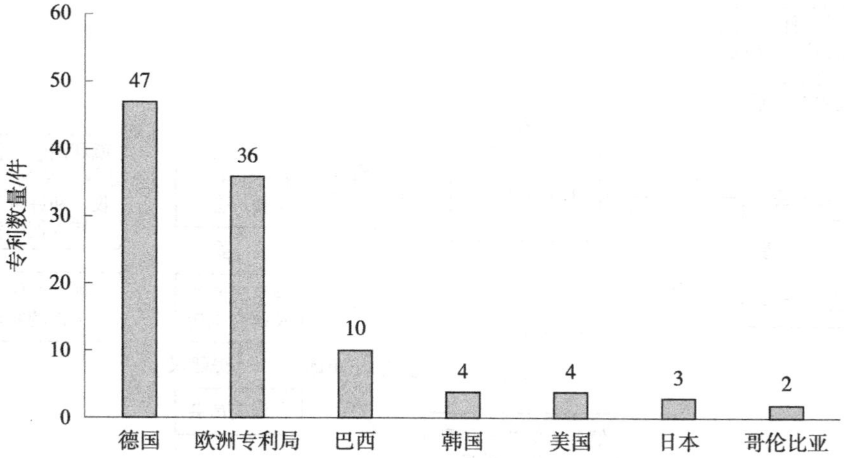

图4-20　弗劳恩霍夫协会洁净能源领域专利诉讼活跃地

表4-6　弗劳恩霍夫协会洁净能源领域全球专利诉讼活跃技术　（单位：件）

技术分类代码	涉诉专利数量	所属领域
Y02E60	26	储能
Y02E10	24	可再生能源
Y02P70	17	储能、可再生能源
H01L31	14	可再生能源
Y02P10	13	低碳化工
Y02E50	11	石油/天然气的转化
B22F10	9	低碳化工
H01M4	9	储能
H01M8	9	储能
Y02A40	9	其他低碳生物技术
Y02P20	9	氢能及燃料电池、低碳化工、可再生能源

4.2.2　管理运营

4.2.2.1　管理架构

弗劳恩霍夫协会的组织架构包括会员大会（General Assembly）、理事会（Senate）、执行委员会（Executive Board）、主席（Group Chairs）、科学及技术委员会（Scientific Technical Council）、74个研究所及研究机构（Institutes and Research Institutions）以及咨询委员会（Advisory Boards）等（图4-21）[1]。

[1] Fraunhofer-Gesellschaft. Structure and Organization of Fraunhofer-Gesellschaft [EB/OL]. (2016-07-14) [2022-03-03]. https://www.fraunhofer.de/en/about-fraunhofer/profile-structure/structure-organization.html.

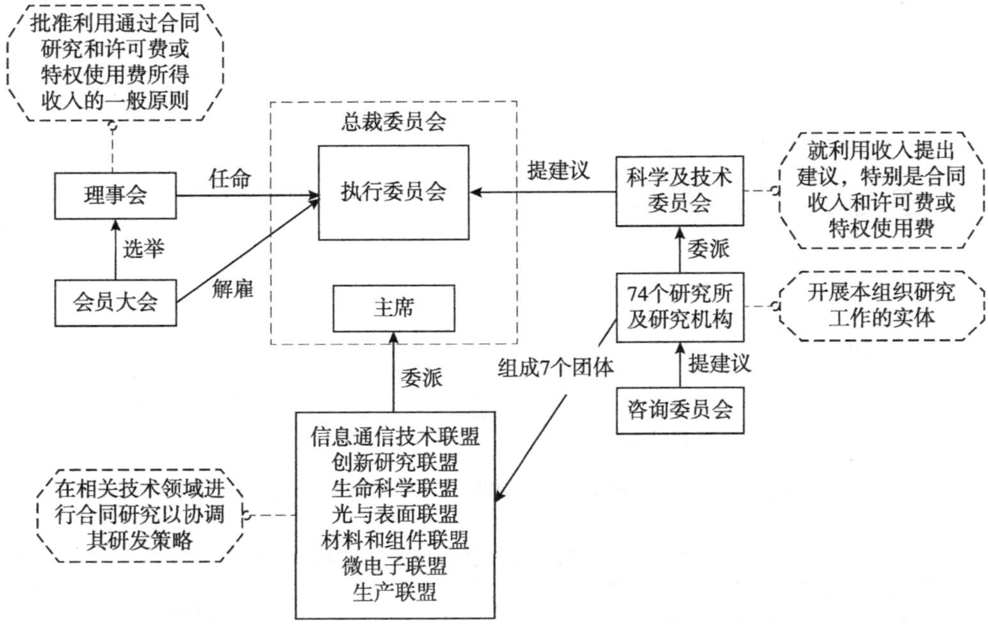

图4－21 弗劳恩霍夫协会组织架构

会员大会是最高权力机构，正式成员由理事会、执行委员会、研究所所长及高级管理人员组成。会员大会选举产生最高决策机构——理事会，理事会的职责包括任命执行委员会成员，确定协会的科学和研究政策纲要，以及决定弗劳恩霍夫协会下属研究实体的设立、合并或解散。除此之外，理事会的职责还包括批准通过合同研究和许可费所得收入的一般利用原则。科学及技术委员会是该组织的内部咨询机构，可就上述收入的利用提出建议。执行委员会负责管理弗劳恩霍夫协会的业务活动，通过谈判获得机构资金，并制定各个机构之间的资金分配规则；执行委员会的另一项职责是任命研究所所长。研究所是开展研究工作的实体，由研究所的管理层自行管理本所的业务活动及负责促成合同研究工作，制定研究所的科研计划等，具有较高程度的科技规划自主权❶。

研究所根据不同的学科专长组成，建立了具有国际竞争力的卓越中心和研究组合，包括信息通信技术联盟、创新研究联盟、生命科学联盟、光与表面联盟、材料和组件联盟、微电子联盟、生产联盟❷。

❶ Fraunhofer－Gesellschaft. Statutes of Fraunhofer－Gesellschaft [EB/OL]. (2016－04－07) [2020－12－25]. https://www.fraunhofer.de/content/dam/zv/en/documents/Statute－of－the－Fraunhofer－Gesell－schaft.pdf.

❷ 贺艳．美国、德国大学和科研机构技术转移模式及启示［J］．华北电力大学学报（社会科学版），2019（2）：128－134.

4.2.2.2 创新机制

弗劳恩霍夫协会涉及专利的创新管理工作起步较早。1955 年，弗劳恩霍夫协会启用位于德国慕尼黑的专利研究中心。1984 年，协会宣布鼓励员工成立衍生公司；1993 年，发布“Leitbild 2000”战略，其中协会将自己定义为面向应用研究机构的市场和客户导向的伞形组织。1995 年，成立弗劳恩霍夫应用中心（Fraunhofer Application Centers），作为附属于特定研究所的技术转移分支机构用于加强科研和产业之间的联系。1997 年，建立了创新中心作为实验模型用于缩小科研机构与行业之间的差距，其业务领域包括生产用于商业用途的原型和短期制造。由于合同研究业务的稳定增长，2000 年，弗劳恩霍夫协会风投集团（Fraunhofer Venture Group）成立，用于监管并投资分拆公司。2007 年，弗劳恩霍夫协会实施专利激励计划，鼓励员工申请专利并促进其商业化。2008 年，以从 MP3 许可费收入中获得的 9500 万欧元为资本成立未来基金会，用于促进可以开发专利集群的技术领域的竞争前研究。2015 年，在德国政府的支持下，弗劳恩霍夫协会与行业合作伙伴发起工业数据空间倡议，旨在创建可供全世界工业使用的由一系列统一标准保护的数据空间。2016 年，倡导成立工业数据空间协会。2017 年，弗劳恩霍夫协会创建了创新研究团队，旨在加强在未来研究、技术和创新技术与产业、政治和社会对话方面的作用，确保在重要创新以及具有潜力的创新中保持领先地位[1]。弗劳恩霍夫协会在全球范围内推动科研能力建设，鼓励科学家与科研机构建立合作关系，积极参与科技创新项目研究工作。除了欧洲，弗劳恩霍夫协会也参与在美国、亚洲、非洲和中东的国际活动。在美国的活动最活跃，设立了 9 个研究中心。在亚洲设立了 3 个研究中心，在新加坡设有子公司，在中国、印度、印度尼西亚、日本和韩国分别设有代表处。它们形成了亚洲市场和弗劳恩霍夫研究所之间的桥梁，相关活动主要集中在市场营销和业务拓展上。这些办事处提供所有关于弗劳恩霍夫研究所的咨询、研究和开发服务，具体包括问题分析与市场评估、产品和制造工艺的优化、支持引进新的创新技术和组织形式[2]。

弗劳恩霍夫协会的技术商业化体系由以下几部分组成：工业项目和公私伙伴关系、知识产权的使用、继续教育和培训工业、分拆和持股、通过个人的技术转移、标准化[3]。上述创新体系具备以下特点：①转移理念，从最初单纯的技术转移，发展到技术转移 + 沟通交流，最后发展到“技术能力”的转移。②“嵌入式

[1] Fraunhofer – Gesellschaft. Chronicles of the Fraunhofer – Gesellschaft [EB/OL]. (2020 – 12 – 25) [2020 – 12 – 25]. https://www.fraunhofer.de/en/about – fraunhofer/profile – structure/chronicles.html.

[2] 詹同叙，张晓静，高子涵，薛力. 2018 年德国弗劳恩霍夫协会科技创新、发展成果及国际科普活动动态研究 [J]. 天津科技，2019，46 (02)：1 – 4，7.

[3] Fraunhofer – Gesellschaft. #WeKnowTransfer – successful transfer of ideas and innovations into the economy [EB/OL]. (2020 – 12 – 25) [2020 – 12 – 25]. https://www.fraunhofer.de/en/research/range – of – services/technology – transfer.html.

服务”，协会目前针对企业创新的不同环节，主要为中小企业提供不同形式的嵌入式研发项目服务。另外，协会采取市场化的技术开发及转移模式。弗劳恩霍夫协会面向产业界采取市场化的定制技术开发与转移模式，符合技术与产业规律的评价体系。弗劳恩霍夫协会注重对研究所的宏观综合评估，以五年为一个周期，通常由学术界、产业界和政府部门的专家组成评估委员会❶。

4.2.2.3 技术转移机制

（1）合同研究。

合同研究是弗劳恩霍夫协会技术转移活动的主要内容。2020 年，弗劳恩霍夫协会年度研究预算为 28 亿欧元。其中，24 亿欧元（占比 85.7%）是通过合同研究获得的❷。弗劳恩霍夫协会合同研究收入的大约 70% 来自工业和公共资助研究项目，其余约 30% 来自德国联邦和州政府的基础资金❸。德国政府只提供协会研发项目预算总额的 1/3 作为基础资金，其余 2/3 必须来自产业部门、政府竞争性补助金或者欧盟等其他来源。这也是协会对研究所进行绩效评估遵循的一条非常严格的标准，用以鼓励研究所与产业部门合作。

75 个研究所是负责开展本组织研究工作的实体，弗劳恩霍夫协会支持各个研究所在一定的框架下开展外部合同研究服务。针对合同研究，根据不同的研究领域，设置不同的研究领域联系人❹。合同研究主要开展以下任务：

① 需求对接。如果企业需求明确，可直接与协会或研究所联系，也可以在弗劳恩霍夫的研讨会、活动和交易会期间与之交流，随后可与研究所进行第一次免费咨询，确定合作所要实现的目标、周期和预算；如果企业不能明确合作研究所，可联系弗劳恩霍夫集团或弗劳恩霍夫联盟，获取相关建议及联系信息，或客户致电企业客户热线，同时弗劳恩霍夫工业工程研究所（IAO）可为企业提供免费的创新评估工具，用于发现、开发与产品相关的服务。

② 签订合同。研究所与企业开展合同谈判，签订合同和启动研发工作。合作范围可根据客户意愿安排，研究所根据项目内容提供相应的研发服务并对合作企业数据保密。客户不仅拥有合同研究中研发的产品、原型和其他实物的所有权，还可以非独占或独占许可的方式获得发明、知识产权及由此产生的专有技术的必要使用权。

---

❶ 丁帅，许强．国内外科技成果转化模式的比较与研究［J］．中国科技产业，2020（3）：69 - 74.

❷ Fraunhofer - Gesellschaft. Research Dedicated to the Future［EB/OL］．（2021 - 03 - 16）［2021 - 03 - 16］．https：//www. fraunhofer. de/en/about - fraunhofer/profile - structure. html.

❸ Fraunhofer - Gesellschaft. Contract research for customers from industry and public sector［EB/OL］．（2020 - 12 - 26）［2020 - 12 - 26］．https：//www. fraunhofer. de/en/about - fraunhofer/profile - structure/facts - and - figures. html.

❹ Fraunhofer Center for Silicon Photovoltaics CSP. Contract research at CSP［EB/OL］．（2021 - 02 - 01）［2021 - 02 - 01］．https：//www. fraunhofer. de/en/for - clients/contract - research - csp. html.

③ 售后服务。研发合同结束后，企业依旧可以从研究所获取信息和支持，如员工培训。在大型项目中，分拆公司也可以持续为企业提供技术支持❶。

针对涉及多个技术领域合作的大型项目，弗劳恩霍夫协会在政府的支持下，组建了由地区企业、研究所以及大学等构成的区域创新集群，通过产学研长期合作解决复杂的技术难题❷。弗劳恩霍夫协会在德国共建立了 19 个创新集群，遍布德国全境，根据当地的产业优势提供针对性的研发支持。协会通过合同研发、专利许可、创新集群等多种方式与企业界建立了广泛的战略或框架性合作关系❸。

（2）衍生公司。

除了上述合同研究外，弗劳恩霍夫协会设计了其他技术转移渠道——衍生企业（Spin - offs）。研究人员基于新的研究、产品或方法来独立组建公司。在大多数情况下，衍生公司与弗劳恩霍夫研究所之间依然会保持紧密联系，为下一步合作研究提供了可能。如果对衍生公司的长期业绩具有较高期望，还会进行股权投资（equity investment）。

弗劳恩霍夫风险投资公司（Fraunhofer Venture）负责管理和投资公司剥离业务，为员工创业提供全流程的支持❹。同时，弗劳恩霍夫协会为员工提供了三种不同的衍生业务支持，见表 4 -7。

表 4 -7 弗劳恩霍夫协会衍生业务支持❺

支持类型	无许可	有许可无投资	有许可有投资
创业导师培训	基础培训（初始阶段）	针对性支持（初始阶段）	全面支持（初始阶段）； 持续支持（股份持有阶段）
AHEAD 基金	—	训练营模式： 阶段 1（5 万欧元）； 阶段 2（如有，不超过 10 万欧元）	训练营模式： 阶段 1（5 万欧元）； 阶段 2（参考具体情况）
知识产权/许可协议	无知识产权，无许可协议	按市场标准签订知识产权许可协议	按市场标准和附加模型签订知识产权许可协议

❶ Fraunhofer - Gesellschaft. Fraunhofer Center for Silicon Photovoltaics CSP [EB/OL]. (2021 - 01 - 25) [2021 - 01 - 25]. https://www.fraunhofer.de/en/for - clients/faq - cooperations.html#faq_faqitem - answer.

❷ Fraunhofer - Gesellschaft. Forms of Cooperation [EB/OL]. (2021 - 02 - 01) [2021 - 02 - 01]. https://www.csp.fraunhofer.de/en/for - clients/forms - of - cooperation.html.

❸ 丁帅，许强. 国内外科技成果转化模式的比较与研究 [J]. 中国科技产业，2020 (3): 69 -74.

❹ Fraunhofer Venture. Spin - off support [EB/OL]. (2021 - 01 - 26) [2021 - 01 - 26]. https://www.fraunhoferventure.de/en/angebote/forschende/ausgruendungs - beteiligungsunterstuetzung.html.

❺ Fraunhofer Venture. Spin - off support [EB/OL]. (2021 - 01 - 26) [2021 - 01 - 26]. https://www.fraunhoferventure.de/en/angebote/forschende/ausgruendungs - beteiligungsunterstuetzung.html.

续表

支持类型	无许可	有许可无投资	有许可有投资
弗劳恩霍夫协会作为投资人	—	—	参与管理额度（不超过 10 万欧元）； 共同投资额度（不超过 250 万欧元）
能否允许进入协会的投资人网络❶	可能支持	可以	可以（需获得弗劳恩霍夫投资的允许）
形象提升、公关活动、社交媒体推广	一般	一般	高
分红（spin－off bonus）	—	基本金（10 万点）； 派遣雇员（不超过 24 万点）	基本金（10 万点）； 派遣雇员（不超过 24 万点）； 投资（不超过 20 万点）

① 创业构想阶段：弗劳恩霍夫协会创业公司为员工创业提供启动业务支持和建议，并就分拆项目是否符合弗劳恩霍夫协会的规定提供建议和审查，具体包括：评估企业理念和技术创新能力，分析客户利益、市场潜力、管理团队、启动策略等，持续优化业务模式、战略和业务计划，协调弗劳恩霍夫协会参与启动进程，协助利益剥离和技术转让的法律进程❷❸。

② 启动阶段：弗劳恩霍夫协会创业公司通过 AHEAD 基金提供支持，风险管理人员将与创业者一起构建业务模型，并在较短的时间内将想法转变为可行的剥离方案，同时协助建立公司运营团队❹。

③ 衍生公司阶段：为衍生公司提供启动过程的财务和法律支持，弗劳恩霍夫协会构建了广泛的风险投资、天使投资和战略投资网络，如弗劳恩霍夫技术转移基金（FTTF）和高技术创业基金（HTGF），帮助衍生公司融资。在此过程中，研究所将获得分拆收益。如果对该初创公司的长期业绩感兴趣，弗劳恩霍夫创业公司还会持有衍生公司的股份，担任协会投资公司的运营管理层和共同股东的联络人，职责包括协调公司战略、审查定期报告、批准需要审批的交易、参加股东大会、以共同投资者参与融资等❺。

---

❶ 弗劳恩霍夫技术转移基金、高技术创业基金、慕尼黑投资论坛等。

❷ Fraunhofer Venture. Spin－off support [EB/OL]. (2021－01－26) [2021－01－26]. https://www.fraunhoferventure.de/en/angebote/forschende/ausgruendungs－beteiligungsunterstuetzung.html.

❸ Fraunhofer Venture. Spin－off support [EB/OL]. (2021－01－26) [2021－01－26]. https://www.fraunhoferventure.de/en/angebote/forschende/ausgruendungs－beteiligungsunterstuetzung.html.

❹ Fraunhofer Venture. Spin－off support [EB/OL]. (2021－01－26) [2021－01－26]. https://www.fraunhoferventure.de/en/angebote/forschende/ausgruendungs－beteiligungsunterstuetzung.html.

❺ Fraunhofer Venture. Investment management at Fraunhofer Venture [EB/OL]. (2021－01－25) [2021－01－25]. https://www.fraunhoferventure.de/en/angebote/forschende/ausgruendungs－beteiligungsunterstuetzung.html.

（3）技术许可。

对外技术许可也是弗劳恩霍夫协会的一个重要的技术转移渠道。MP3 技术的市场化就是最好的例子之一，弗劳恩霍夫协会通过该技术获得了持续性的高额许可费用，利用这项收益，弗劳恩霍夫协会建立了弗劳恩霍夫未来基金会，该基金会作为非盈利基金会，专注于投资与知识产权相关的竞争前研究，进而在未来产生进一步的许可收入。

弗劳恩霍夫协会设置了专门的知识产权转让数据库，截至 2019 年已收录了 7050 个专利家族[1]。该数据库中的专利和专利申请均已经预先验证，并且按照技术领域和市场领域进行了分类，其中按技术领域划分又细分出 57 种不同的技术种类，按照市场领域又细分出 461 种不同市场种类，客户可以依据自己的需求精确查找对应领域中的专利技术，并且通过电子邮件、电话等方式与该领域相关专利负责人联系。除此之外，数据库还可为客户提供相关专利的更多信息，包括补充性技术与研发结果，同时会引导客户完成许可流程[2]。2017 年弗劳恩霍夫协会签订了 390 项新增许可协议。有效许可合同总数 2692 份，许可费收益高达 1.43 亿欧元。除了收取许可证费用外，弗劳恩霍夫应用研究促进协会还利用专利池平台从工业产权的商品化中获取收入，其中最成功的有音频和视频编码专利。这些专利池不仅包括标准化的弗劳恩霍夫专利，还包括其他国家专利所有权人的专利，是在世界范围内发放许可证的有效工具，使得弗劳恩霍夫协会能够在 100 多个国家实现专利的商业化。从这些专利池中获得的收入将重新投资于竞争前的研究，继续为加强德国作为研究中心的地位作出持久贡献[3]。

除了通过知识产权转让数据库寻求技术许可的方式外，客户还可以进入各研究所网站，通过填写表单或发送邮件等方式，向相关领域负责人索取报价单或技术许可。

（4）能源安全下的技术转移。

弗劳恩霍夫协会针对合同研究活动中的保密问题进行了详细约定，具体条款如下[4]：

• 合同双方将对另一方提供的信息在订单期间和订单终止后 5 年内保密，仅用于执行合同约定，并且采取一切合理措施防止向第三方披露。这仅适用于公众

---

[1] Fraunhofer – Gesellschaft. Licensing [EB/OL].（2021 – 01 – 25）[2021 – 01 – 25]. https://www.fraunhofer.de/en/about – fraunhofer/profile – structure/facts – and – figures/patents – licenses.html.

[2] Fraunhofer – Gesellschaft. Fraunhofer Intellectual Property Transfer Database [EB/OL].（2021 – 01 – 26）[2021 – 01 – 26]. https://www.fraunhofer.de/en/research/range – of – services/fraunhofer – intellectual – property – transfer.html.

[3] 德国弗劳恩霍夫应用研究促进协会北京代表处. 专利权许可证 [EB/OL].（2021 – 01 – 25）[2021 – 01 – 25]. http://fraunhofer.cn/plus/view.php? aid = 65.

[4] Fraunhofer – Gesellschaft. AGB – Allgemeine Bedingungen für die Durchführung von Forschungs – und Entwicklungsaufträgen in der Fraunhofer – Gesellschaft zur Förderung der angewandten Forschung e. V. [EB/OL].（2021 – 01 – 26）[2021 – 01 – 26]. https://www.fraunhofer.de/de/agb.html.

可以获得信息的范围。

- 如果该信息在通知之前已为其他合同伙伴所知，或者是由不了解所传达信息的其他合同伙伴的员工独立开发的，则第 1 句的义务不适用。这对应于第三方向其他签约合作伙伴披露或提供的信息，除非第三方的披露违反了对其他签约合作伙伴的知情保密义务。
- 机密信息的内部披露。
- 合同合作伙伴提供的信息仅在订单（须知）所必需的情况下才被允许，并确保只有那些在法律可能性范围内对其施加了同等保密义务的员工才能收到保密信息。
- 本条款所指的第三方不是弗劳恩霍夫协会委托在订单范围内提供部分服务并有义务保密的第三方。

4.3 日本东京大学

东京大学是一所本部位于日本东京都文京区的综合性大学。东京大学建立于 1877 年，从建校开始，东京大学就持续合并不同领域的学校，比如工部大学和东京农林学校，逐渐成长为一所综合性研究型大学。目前，东京大学设有 10 个学部、15 个研究生院、11 个附属研究所（包括先端科学技术研究中心）、13 个大学研究中心、3 个附属图书馆和 3 个高等研究所。学部、研究生院和研究所都有相关的附属机构。为了促进产学合作，学校成立了产学合作促进总部，以满足诸如知识产权、利益冲突、安全出口控制和公司需求等风险管理需要。东京大学还在筑波科学城等地建立了“筑波—柏—本乡创新走廊”，通过企业、学术界、政府和其他部门之间的紧密合作，建设全球人工智能等研究中心和产学合作创新平台。此外，东京大学还积极扩大在全球的学术影响，截至 2019 年，东京大学在海外建立了 2 个事务所和 28 个科研合作基地。这些科研合作基地分布在全球主要国家，不仅包括欧美等国，还与中国科学院等中国的 6 所科研机构和大学建立了合作研究基地[1]。

4.3.1 专利创造与运用

4.3.1.1 专利申请及授权

截至 2021 年 8 月，东京大学在洁净能源领域的专利申请共计 1736 件。

从专利申请情况来看（图 4 – 22），2000—2014 年东京大学洁净能源领域专利

[1] 光明网. 东京大学瞄准全球促进协同创新 [EB/OL]. (2020 – 10 – 16) [2021 – 01 – 26]. https://m.gmw.cn/baijia/2020 – 10/16/34274440.html.

年度申请量在振荡中保持攀升。日本政府先后多次颁布洁净能源产业激励政策，如 2002 年颁布了《关于电力事业等利用新能源发电的特别措施法》用于刺激新能源产业的发展，2005 年宣布对几乎所有的化石燃料种类和电力的使用按照其碳含量的比率征税，对洁净能源，例如风力和太阳能，大大放宽税收政策等，东京大学的洁净能源专利申请量在上述相应年份都表现出明显增长。专利年度申请量在 2014 年达到峰值，此后出现振荡下行。

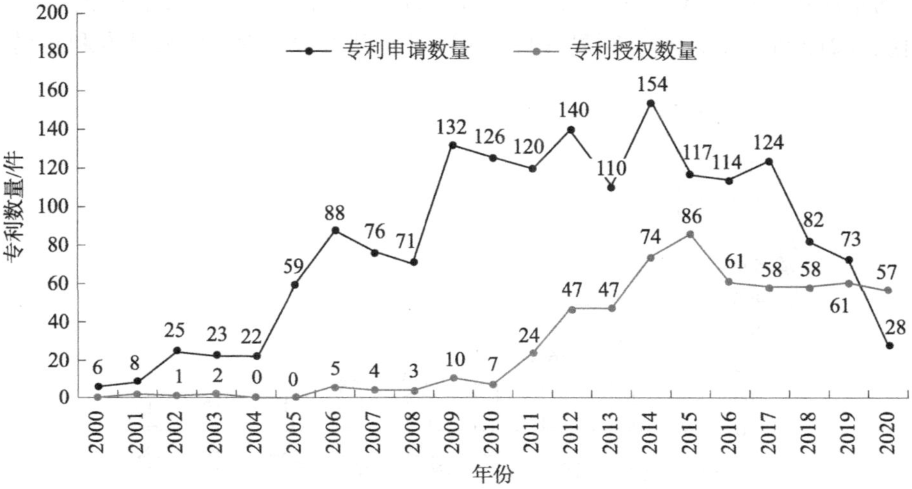

图 4－22　东京大学洁净能源领域专利申请和授权数量趋势

从专利授权情况来看，2000—2010 年，东京大学洁净能源专利授权量一直在低位徘徊，2011—2015 年飞速攀升，此后稍有回落，2016—2020 年在较高位置保持波动。

4.3.1.2　当前法律状态

东京大学在洁净能源领域的专利授权有效率接近 40%，加上待审状态的有效申请，当前专利申请的活跃度可达到 53.2%（图 4－23），这是一个较好的水平，反映出东京大学在该领域具有一定的专利权稳定性及后续技术更新潜力。失效专利中，以驳回和放弃的原因居多，这与洁净能源领域技术更新换代快有一定关系。

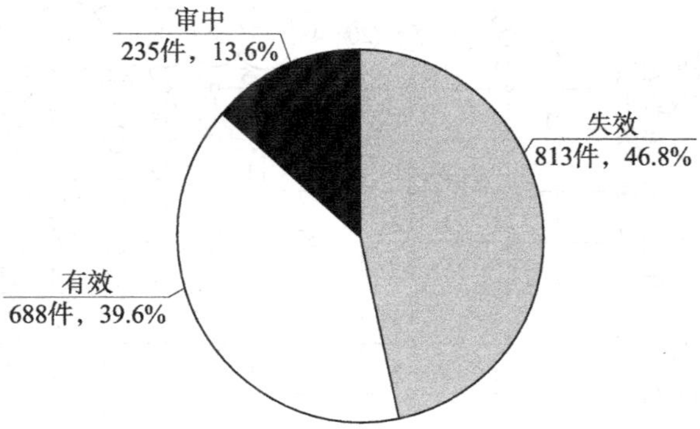

图 4－23　东京大学洁净能源领域专利法律状态分布

4.3.1.3 专利市场布局

（1）重点布局市场。

东京大学洁净能源专利布局重心是日本国内市场（907 件），对于日本以外的国外市场主要关注美国（169 件）、中国（140 件）、韩国（75 件）市场，国外市场专利布局数量远远低于国内市场（图 4－24）。东京大学也积极利用世界知识产权组织（219 件）和欧洲专利局（114 件）平台开展国际性、区域性专利布局。

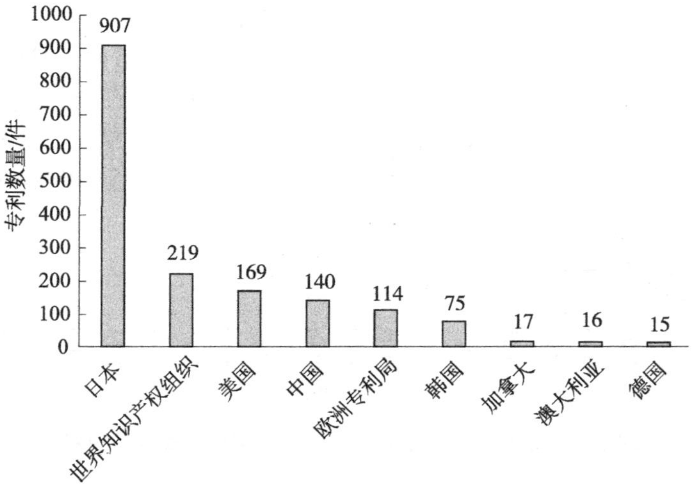

图 4－24 东京大学洁净能源领域主要专利布局地

（2）布局时间趋势。

2010 年以后，东京大学在日本国内的专利布局力度有所趋缓，在美国、中国、韩国市场的专利布局力度有所增强，并且明显加大了对世界知识产权组织、欧洲专利局的国际性、区域性专利申请的投入（图 4－25）。

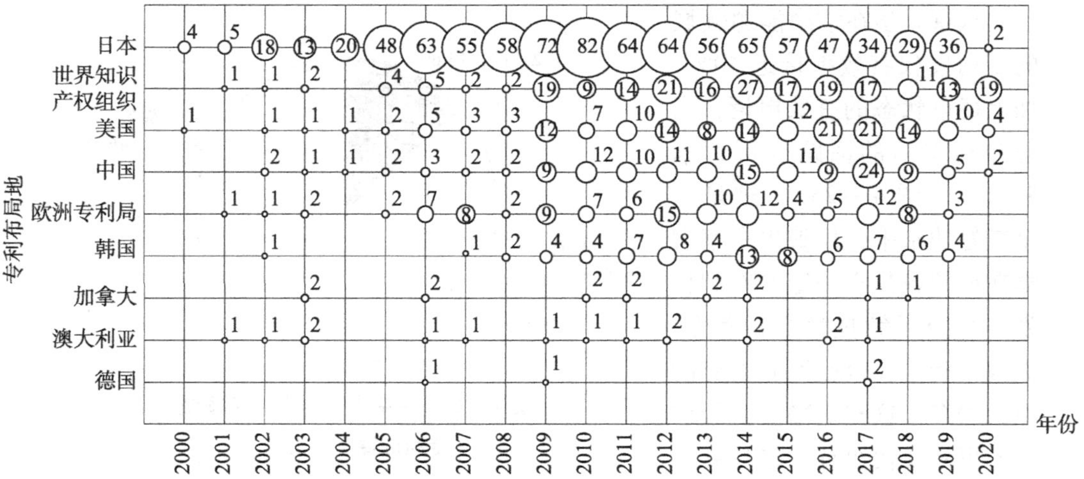

图 4－25 东京大学洁净能源领域专利布局趋势（单位：件）

（3）市场技术重点。

东京大学洁净能源领域专利国内外布局的技术侧重略有差异（图4-26）。

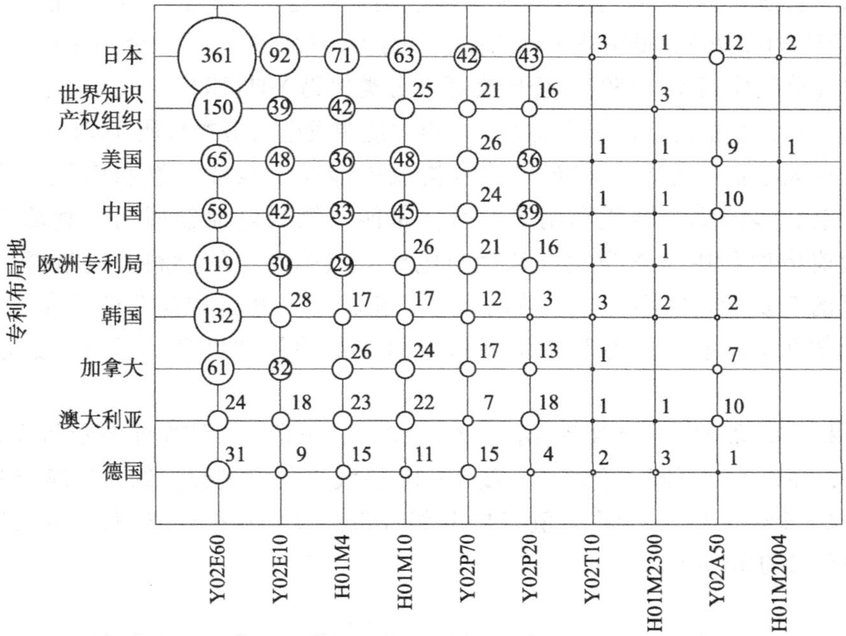

图4-26　东京大学洁净能源领域专利技术分布（单位：件）

面向日本国内市场，东京大学洁净能源领域专利布局中有一半是与关于发电输电配电相关的温室气体减排技术（分类代码Y02E60），专利布局数量361件，几乎是第二位可再生能源发电相关技术（分类代码Y02E10，92件）的4倍。第三、第四位布局重点分别为电极相关技术（分类代码H01M4，71件）、二次电池及其制造（分类代码H01M10，63件）。对工业或消费品生产过程的气候变化减缓技术（分类代码Y02P70，42件）、低碳化工相关技术（分类代码Y02P20，43件）也有布局。

针对美国、中国市场，东京大学专利布局的首要重点也是关于发电输电配电相关的温室气体减排技术（分类代码Y02E60），但是关于二次电池及其制造（分类代码H01M10）、低碳化工相关技术（分类代码Y02P20）的专利布局规模占比大于日本国内市场。

针对韩国市场，重点是关于发电输电配电相关的温室气体减排技术（分类代码Y02E60），约占东京大学在韩相关专利总量的61%。

4.3.1.4　专利技术布局

综合来看，东京大学洁净能源领域相关专利技术的主要构成如下。

（1）储能领域，主要涉及发电输电配电相关的温室气体减排相关技术（分类代码 Y02E60)，电极技术（分类代码 H01M4)，二次电池及其制造（分类代码 H01M10)。

(2) 低碳工业领域，主要涉及工业或消费品生产过程的气候变化减缓技术（分类代码 Y02P70)，低碳化工相关技术（分类代码 Y02P20)，极端气候下人类健康保护（分类代码 Y02A50)、低碳交通（分类代码 Y02T10)。

(3) 可再生能源领域，主要涉及可再生能源发电（分类代码 Y02E10)。

东京大学洁净能源专利布局技术构成中涉及了氢能及燃料电池、低碳化工、二氧化碳捕集与转化利用等领域。氢能及燃料电池领域的专利活跃性与日本政府增加利用氢作为发电和燃料电池车（FCV）的燃料、通过降低成本促进氢的普及计划密不可分。总的看来，相较于一些机构如弗劳恩霍夫协会，东京大学在洁净能源的专利技术分布方面涉及的领域更多，但专利数量相对较少。

专利合享价值度评价结果显示（图 4－27)，东京大学洁净能源专利价值度总体较高，高价值度区间（合享价值度 8～10 星级）的专利数量约占洁净能源专利总量的67.6%。其中，合享价值度10 星级（最高级）专利共634 件，约占洁净能源专利总量的 36.5%。

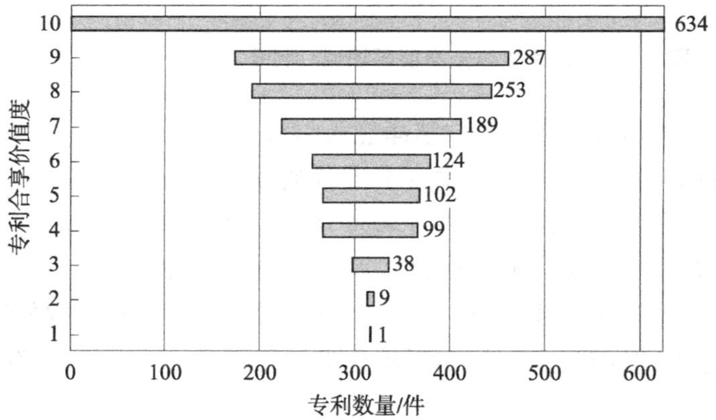

图 4－27　东京大学洁净能源领域专利价值度分布

东京大学被引频次最高的 30 件洁净能源专利中（图 4－28)，储能相关技术最多（15 件)，其次是可再生能源技术（6 件）与低碳化工技术（5 件)。与美国能源部、弗劳恩霍夫协会不同，东京大学在氢能及燃料电池、低碳生物技术方面，也具有较好的技术影响力。

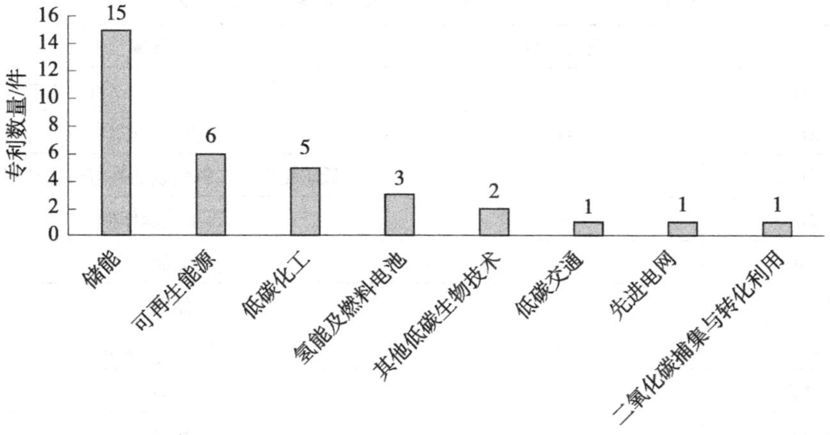

图4-28　东京大学洁净能源领域核心专利技术分布

4.3.1.5　专利转让

东京大学涉及的468件转让专利中，剔除不构成实质转让的情形之后，共有228件专利发生转让。

东京大学的专利转让活动78%以上发生在日本。在日本之外，中国是最活跃的专利转让市场（图4-29）。尽管从专利数量来看，美国是东京大学最重要的洁净能源国外市场，但就专利转让情况来看，东京大学的洁净能源领域专利技术在美国市场的技术流动性、运营成效表现远不如在中国市场的表现。

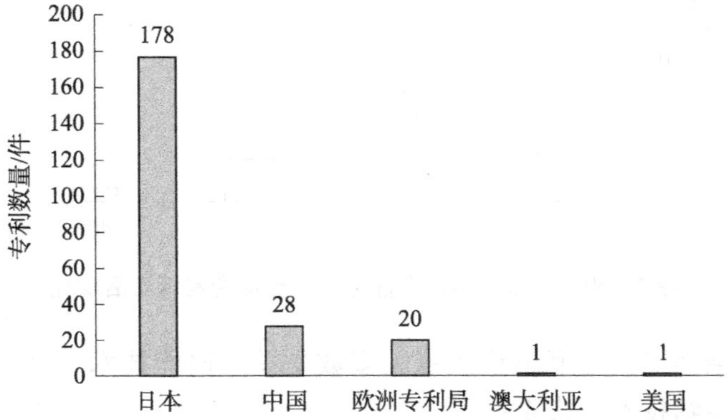

图4-29　东京大学洁净能源领域专利转让活跃地

东京大学洁净能源领域专利技术转让活动主要集中在储能、可再生能源、氢能方面，对二氧化碳捕集与转化利用技术、低碳交通技术也有少量涉及（表4-8）。

表4-8　东京大学洁净能源领域全球专利转让活跃技术　（单位：件）

技术分类代码	专利转让数量	所属领域
Y02E60	94	氢能及燃料电池、储能、可再生能源
Y02E10	41	可再生能源
Y02P20	37	低碳化工、二氧化碳捕集与转化利用
Y02P70	30	可再生能源储能
H01M10	29	储能
H01M4	28	储能
Y02T10	22	储能、低碳交通
H01M2300	19	储能
H01G11	15	储能
H01L51	12	可再生能源

4.3.1.6　专利诉讼

东京大学洁净能源领域涉诉专利共计32件，诉讼率1.8%。专利诉讼绝大多数发生在日本。其次，韩国是诉讼高发地，在巴西、印度也有少量专利诉讼发生（图4-30）。

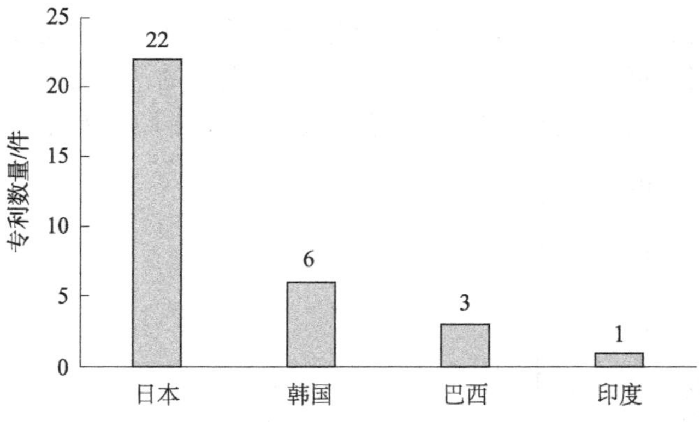

图4-30　东京大学洁净能源领域全球专利诉讼活跃地

东京大学洁净能源专利诉讼焦点大多数是关于储能技术、可再生能源技术，少量涉及低碳生物技术（表4-9）。

表4-9　东京大学洁净能源领域全球专利诉讼活跃技术　（单位：件）

技术分类代码	涉诉专利数量	所属领域
Y02E60	14	储能
Y02P70	9	可再生能源、储能
H01M10	8	储能

续表

技术分类代码	涉诉专利数量	所属领域
H01M4	8	储能
Y02E10	8	可再生能源
H01M2004	5	储能
A61P43	3	其他低碳生物技术
C01G45	3	储能
C01P2002	3	储能
Y02A50	3	其他低碳生物技术

4.3.2　管理运营

4.3.2.1　知识产权管理架构

东京大学知识产权运营工作在校内和校外两大板块协同开展，具体合作组织体系如图 4－31 所示。

（1）产学协同创造推进部。

2004 年 4 月，东京大学成立产学协同创造推进部[1]，由校长直属管理，负责校内科技成果的开发、申请、注册、管理及外部活用，旨在为产学合作活动提供基本管理与服务平台。产学协同创造推进部下设创业推进部、创新推进部与知识产权部。

创业推进部的任务是创建和支持东京大学对社会经济产生重大影响的创业公司，包括两个主要工作。一是围绕孵化设施的创业支持，在各个校区设置初创公司孵化设施，除硬件设施外，还提供法律事务和管理方面的支持；二是为学生和研究人员提供的多种形式的人力资源开发计划，不仅包括与工学院合作提供的“创业者道场”和“EDGE－NEXT”教育计划，还有为学生开发的项目提供支持的“本乡技术库”，以及针对以毕业生为主体的极早期创业者提供支持的 FoundX 等项目。创业推进部与东京大学创新平台有限公司、东京大学优势资本有限公司和东京大学 TLO 有限公司合作，提供多种技术转移支持方案。

创新推进部有两个主要任务。一是构筑企业与大学研究人员之间有效交流的桥梁，包括通过从概念阶段讨论创新假设以推广可行性项目（如 Proprius 21 Plus），创建国际产学合作和组织间合作，举办科学技术交流论坛寻求行业和校园研究人员之间的合作伙伴关系，与产业界一起探讨行业与学术界合作的可能性，针对政府工作人员开展“技术联络研究员”（TLF）计划。二是对有研究成果或成

[1] 东京大学．学术合作促进总部组织结构［EB/OL］．（2020－10－16）［2021－01－26］．http：//www.ducr.u－tokyo.ac.jp/organization/organization.html.

熟创业想法的研究人员予以实际支持，于2004年成立东京大学优势资本有限公司，于2016年成立东京大学创新平台有限公司，为创业启动提供风险资金支持，为创业起步阶段的企业家提供共享的孵化器，同时注重创业精神培育。

知识产权部主要通过执行东京大学的知识产权政策，负责知识产权的发明披露、申报管理工作。同时，知识产权部与东京大学TLO公司以及生产技术研究鼓励协会（The Foundation for the Promotion of Industrial Science）密切合作，集中管理知识产权，通过许可等方式向产业界提供知识产权以创造收入，并将收入重新运用于大学。此外，知识产权部也负责制定与知识产权相关的规章。另外，从促进共同研究、获取和保护知识产权的角度出发，知识产权部与校外法律顾问合作，提供与知识产权有关的法律支持，例如审查和订立合同以及纠纷的处理等。

（2）TLO。

1998年，日本颁布促进大学等机构技术研究成果向民间企业转移法，效仿美国技术转让办公室模式向大学引入技术转移机构（Technology Licensing Organization，TLO）[1]。东京大学TLO有限公司（Tokyo UniversityTechnology Licensing Organization）成立于1998年8月，是由东京大学教职人员集资成立的外部一体化技术转移机构、1998年文部科学省和经济产业省首批认定的四个TLO之一，是日本技术转移机构的代表之一。该公司与校内大学产学协同创造推进部开展一体化运营以促进技术转移。发明人首先向东京大学知识产权部提交发明通知，经知识产权部初审后提交该公司，评估其专利价值及市场价值，并决定是否以学校名义申请专利。原则上，该公司需在两周内作出决定，并由知识产权办公室告知发明人，否则该发明在一个月后自动归发明人所有。

该公司在成立后20多年间一直保持着良好的发展势头，与校内知识产权部门紧密合作，构建了技术转移生态系统，确保及时披露最新发明，并对经专业化评估后的成果开展专利申请。除此之外，该公司充足的许可收入使其能够雇佣各领域顶尖的专业人员来管理和营销专利，大部分专利经纪人都有专业的科学和工程教育背景以及行业经验，能为发明人和产业界提供高标准的专业服务。

（3）UTEC。

东京大学优势资本有限公司（The University of Tokyo Edge Capital，UTEC）[2]成立于2004年7月，是一家瞄准早期技术融资的风险投资公司，利用东京大学的技术和人力资源开展风险投资活动。截至2020年1月，UTEC已成立4支风险投资基金，总额约543亿日元；已投资100多家初创公司，其中9家上市，10家实现并购。

该公司的宗旨是根据公司各个成长阶段（包括成立之前）需求提供投资和支持，重点业务是与包括东京大学在内的各种研究机构和公司创建合作业务。

---

[1] 东京大学．TODAL TLO［EB/OL］．（2020－11－18）［2021－01－26］．http：//www.todaitlo.com/.

[2] 东京大学．UTEC［EB/OL］．（2020－11－18）［2021－01－26］．http：//www.ut－ec.co.jp/.

除投资之外，UTEC 还设立了风险合伙人（VP）制度，派遣特定技术领域人员前往投资对象内部提供支持的制度。特定领域人员是指，例如在医疗保健、人工智能、化学等方面拥有行业经验的人员，或是在知识产权、会计、法律事务、人事、并购、上市支持等方面的专家。

（4）UTokyoIPC。

东京大学创新平台有限公司（Innovation Platform for The University of Tokyo，UTokyoIPC）成立于 2016 年 12 月，主要负责孵化支持、投资等事项，旨在扩展东京大学创新生态系统，加速东京大学在全球范围的创新[1]。目前主要管理两支风险投资基金“协创 1 号”和“AOI 1 号”。“协创 1 号”设立于 2016 年 12 月，基金总额为 250 亿日元，旨在投资东京大学相关的新兴企业以及作为民间投资公司的信托投资；“AOI 1 号”设立于 2020 年，为期 15 年，总额为 28 亿日元，目的在于投资子公司、企业共同体，以及与实业公司联合培养新公司。截至 2020 年 3 月，UTokyoIPC 已孵化 350 余家创业公司，总市值达 1.5 万亿日元；投资的初创公司达 36 家。

东京大学创新平台有限公司为有创业意向的学生和教职员工提供零基础创业支持计划，公司将在创业申请提交以后 1 个月内进行审查，审查通过后将在半个月内与申请人确认支持目标和措施，将在示范实验、系统建设、公共关系、资本政策和筹款等方面提供为期 6 个月的相应支持。支持期结束后，申请人将作为 UTokyoIPC 成员与其确立永久的合作关系。

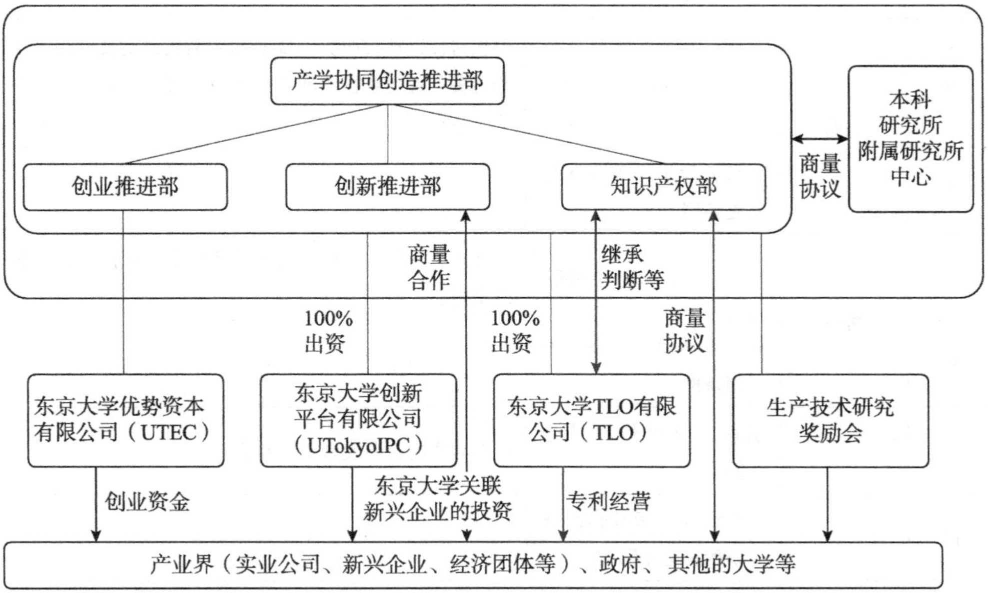

图 4-31　东京大学技术转移管理架构

[1] 陈璐萍，刘江宜，王肖戈. 国外高校技术转移主要模式及启示［J］. 绿色科技，2019（16）：277-279.

4.3.2.2 知识产权运营机制

（1）技术转移政策及细则。

2004年以来，东京大学为保护科技成果中的知识产权创造，同时鼓励知识产权流入企业，陆续出台了多项知识产权相关政策和实施细则，范围涵盖许可、产学合作、发明、商标、联合研究、合同研究、数据、保密等（表4-10）❶。

表4-10 东京大学技术转移政策及细则

序号	类别	名称	主要内容
1	许可	东京大学许可政策	发明申请人与TLO联合推进许可活动
2	许可	东京大学研究许可证处理指南	企业要求获得排他性许可证，需要视情况而定
3	产学合作	东京大学产学合作促进政策	培养国际产学合作人才；严选对东京大学有利的国际研究课题和合作企业；推进海外专利申请等
4	知识产权	东京大学知识产权政策	职务发明属于东京大学所有；共同研究成果按双方贡献比例规定份额，可相互转让；技术转让所得收入，在扣除相应管理费用后，由发明人、研究室、部门、大学按比例分配
5	知识产权	东京大学知识产权赔偿金详细规定	规定与补偿金相关的必要事项
6	发明	东京大学发明处理规定	高校可以继承教职员工发明的专利权；高校发现与工作有关的发明获得专利等权利时，可以将其归于有关教职人员等
7	发明	东京大学发明处理条例实施条例	—
8	商标	东京大学商标使用条例	归属于大学的商标权的保护及活用由知识产权合同管理部进行
9	商标	东京大学商标处理条例实施条例	—
10	著作权	东京大学著作权处理条例	职务著作的权利人为东京大学
11	著作权	东京大学《版权作品处理条例实施细则》	—

❶ 东京大学. 规则、样式等列表［EB/OL］.（2020-11-18）［2021-01-26］. http://www.ducr.u-tokyo.ac.jp/rules_and_forms/index.html#policy.

续表

序号	类别	名称	主要内容
12	联合研究	东京大学私人研究处理条例	联合研究指的是东京大学从企业获得经费或是与之共同承担课题的相关研究；根据共同研究所需的经费，大学和企业新取得的设备等分别属于大学、企业所有
13		东京大学私人研究处理实施细则	相关部门收到共同研究申请的情况下，应在共同研究申请书中附上必要文件，并提交部长
14	合同研究	东京大学合同研究处理条例	“合同研究”是指接受大学以外的机构或个人委托，由大学实施的研究，委托人承担所需的经费的研究；受托研究结果产生的知识产权原则上作为大学单独所有
15		东京大学合同研究处理实施细则	申请受托研究时，应在受托研究申请书中附上必要文件，并提交给部长
16	数据	东京大学临床试验数据许可实施细则	大学在通过批准TLO有偿许可临床试验等数据的情况下，支付一定报酬给予TLO
17	保密	与私人机构等签订的合同的信息管理和保密规则	机密信息必须上锁并保管在保管库等处；研究负责人须贯彻保密规则
18	利益冲突	东京大学利益冲突政策	成立东京大学教职员利益冲突管理委员会；从事产学官合作的教职人员提交自我申报书
19		东京大学利益冲突管理委员会规则	利益冲突委员会在必要的限度内，收集教职员等以及大学组织和企业等与经济利害相关的信息
20		东京大学关于教职工利益冲突的安全港规则	发表东京大学教育或研究成果的著作及演讲等活动不属于利益冲突行为

（2）专利集中运营机制。

① 一体化运营机制。

东京大学TLO有限公司与校内大学产学协同创造推进部一体化运营，以促进技术转移。大学产学协同创造推进部下设知识产权部负责管理校内技术成果的行政事务，由大学校长直接控制；该公司负责专利申请的技术评估及许可等商务活动，负责促进校内基础研究向产业应用研究的转化。为使TLO在服务体系中更好地发挥作用，建立了TLO与相关职能部门一体化的运营机制（图4-32），将不同部门开展的服务有机地串联起来。

在一体化运营流程中，发明人首先向知识产权部提交发明申请，经知识产权办公室初审后提交给该公司，以评估其专利价值及市场价值，并决定是否以学校名义申请专利。原则上，该公司需在两周内作出决定，并由知识产权部告知发明人，否则该发明在一个月后自动归发明人所有。其中，如果职务相关发明有两个及以上的发明人，大学法人可接收教职员工所拥有的权利份额。

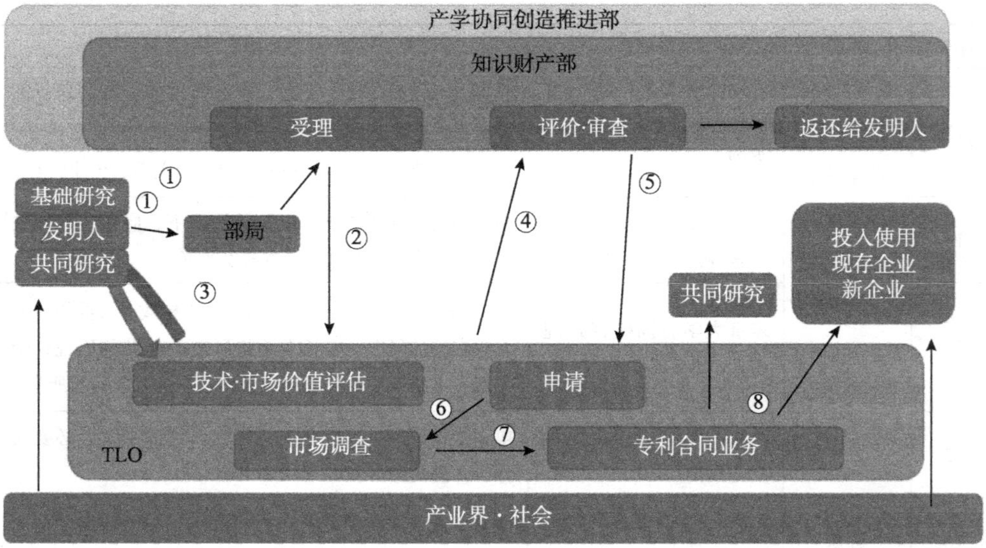

注：①表示发明说明书；②表示委托市场调查；③表示听证了解技术内容；④表示评价报告TLO的意见；⑤表示决定是否以学校名义申请专利；⑥表示技术市场应用价值；⑦表示技术市场应用价值评估结果；⑧表示跟进专利许可的营销与实施。

图4-32　东京大学知识产权一体化运营流程❶

东京大学TLO有限公司将校内的发明立项申请提供给外部机构与风险企业评估其技术价值、应用场景与市场需求，评估结果以意见书的形式反馈至知识产权部门与发明人。基于评估结果，有技术应用价值的发明由TLO机构代理申请专利，并跟进专利许可的营销与实施；对价值较低的发明则放弃申请专利。

东京大学的发明创造等知识产权中的相当一部分，都是和私营企业或其他法人共同研究的成果。共同研究、受托研究等形式的产学合作都不可避免地会产生知识产权的归属问题。对此，东京大学与企业会签订适当的共同研究合同，实现研究成果的权利共有。东京大学制定了灵活的管理方法，如根据对发明的贡献程度来确定权益比率，权利化所需费用的承担比例及通过谈判转让权利份额以期最大程度地活用共同研发的发明成果。为了签订适当的共同研究合同，东京大学在签订共同研究合同时，会向共同研究对象企业确认，东京大学拥有共同研究成果发明的优先使用权，在产生共同研究成果时，双方将在这一基础上签订共同申请合同及实施合同。

② 专利集中管理平台。

- 东京大学专利信息公开平台。

东京大学专利信息公开平台❷用于向社会公开东京大学所持有的可进行技术转

❶ 东京大学．知识产权合同与管理部［EB/OL］．（2020-11-18）［2021-01-26］．http：//www. ducr. u-tokyo. ac. jp/organization/intellectual_property. html.

❷ 东京大学．东京大学专利信息公开平台．［EB/OL］．（2020-11-18）［2021-01-26］．http：//www. ducr. u-tokyo. ac. jp/pp/index. html.

让的专利和已公开的专利申请。网站按国际专利分类（IPC）分为 8 个类别，在各个类别中罗列了相关发明的专利公开号、专利名称和发明人。对发明感兴趣或有意愿获取技术许可的人员或机构可直接联系咨询处。

对于未公开的专利申请，东京大学不对外公开相关信息。东京大学 TLO 有限公司将根据合作方的技术领域介绍相关技术，并要求合作方签订技术保密协议。

- 东京大学产学合作提案平台。

东京大学产业合作提案平台（UCR – Proposal）[1]，原名东京大学产学合作计划数据库，由东京大学产学协同创造推进部管理，目的是为产业界和东京大学的研究人员创造产学合作的机会。东京大学产学合作研究流程见图 4 – 33。截至 2020 年 11 月，该平台已公布了 1388 项合作计划，涵盖生物技术，医学和药学，农业、渔业、畜牧业和食品，环境和能源，材料，机械，信息和通信，电子，航空和宇宙，大气和海洋，经济、经营、政策和法律，土木建筑，社会、文化和教育，基础科学等多个领域。

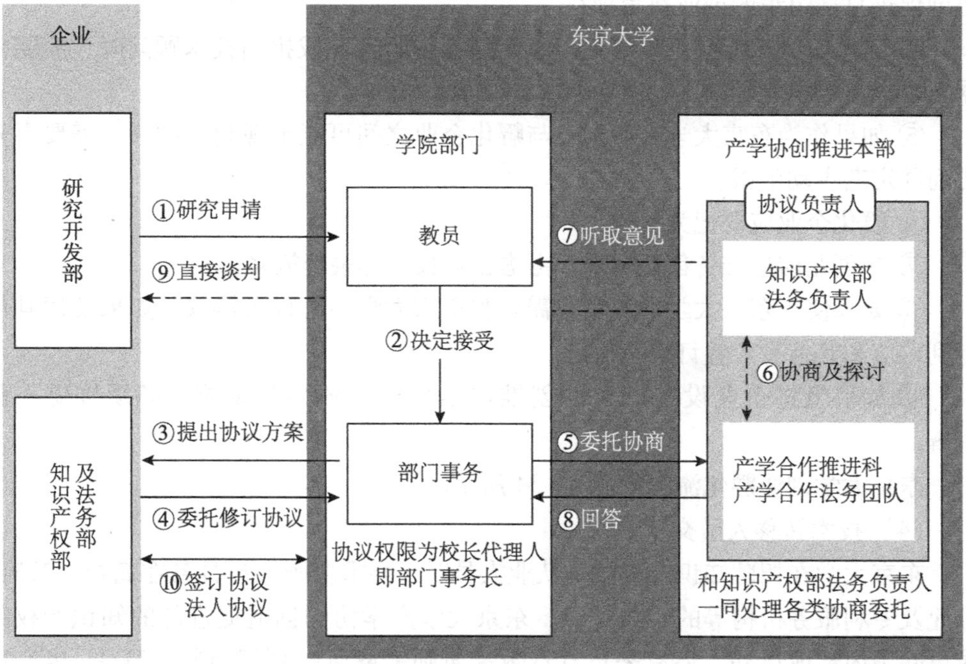

图 4 – 33　东京大学产学合作研究流程

UCR – Proposal 根据产业界的需求，由具有丰富产业经验的项目官员提出提案，将大学研究人员的研究成果与产业界的联合研究联系起来。企业可以在平台上检索感兴趣的方案，与研究人员取得联系以建立合作。

东京大学与共同申请人、外部 TLO 等合作，尽可能使归属于东京大学的发明

[1] 东京大学. UCR proposal. [EB/OL]. (2020 – 11 – 18) [2021 – 01 – 26]. https: //proposal. ducr. u – tokyo. ac. jp/index. html.

在社会上得到广泛利用。东京大学的知识产权利用方针是充分考虑东京大学获得的经费支持、充分活用知识产权。因此，与归属于东京大学的发明的管理和利用有关的权利化、接收、诉讼等支出，最终都用技术转让收入来支付，故而对属于东京大学的所有发明都要进行持续、适当的评估。此外，当将归属于东京大学的发明纯粹用于学术目的时，考虑到大学知识创造活动的主要目的是推动研发持续性发展，东京大学将采取无偿供给等适当措施。

（3）创业孵化。

作为将知识创造成果及时回报社会的手段之一，东京大学采用积极活用创业的方式和技术转移相关从业者进行合作，进而将发明产业化。相关细节如下。

① 有意愿创业的教职员工，无论创业构想成熟度如何，都可以随时向产学合作协创促进总部咨询校内创业支援手段及校内创业规则。

② 想咨询创业或准备正式开始创业，都需要先制定一个商业计划书。

③ 有意愿创业、想学习商业计划制订方法的教职员工，都可以参加产学合作协创促进总部组织的创业教育项目。

④ 当教职员工将就职于孵化企业（包括创始人）或担当技术顾问时，需要根据东京大学兼职管理细则，申请兼职许可。

⑤ 如果作为东京大学教职员工与孵化企业之间可能出现利益冲突，需要事先协商并定期主动汇报。

⑥ 孵化企业应登记为法人。

⑦ 在创业前应准备创业资金，考虑创业投资等融资策略。

⑧ 如果使用东京大学的专利，需要和东京大学签订许可协议。如果使用其他专利，应和其持有人签订许可协议。

⑨ 如果想将企业设在产学协创推进本部运营的孵化设施，必须接受入驻审查。

东京大学创业孵化流程如图 4 - 34 所示。

（4）技术转移人员交流。

东京大学在招聘知识产权服务从业人员时，要求应聘人员具备在高校、政府、企业及专利服务机构等的实践经验。东京大学产学协同创造促进部的知识产权部成员除了内部成员外，还有来自日本数家律师事务所的顾问律师、TLO、生产技术研究奖励会的成员以及政府知识产权室的工作人员。创新促进部与创业促进部的成员职能分为产学协创咨询、创业教育、孵化负责、国际交流等。

东大 TLO 有限公司的员工分为三类。第一类为营业职位，负责一项发明从产生到应用整个阶段的工作，包括对了解发明、申请专利、市场调研、办理许可等。第二类为知识产权管理，负责协作申请专利、获取专利权、维持专利等工作，此外，还需要根据情报库进行管理。第三类是事务管理。[1]

---

[1] 东京大学. TDDAI TLO. [EB/OL]. (2020 - 11 - 18) [2021 - 01 - 26]. http: //todaitlo. com/recruit.

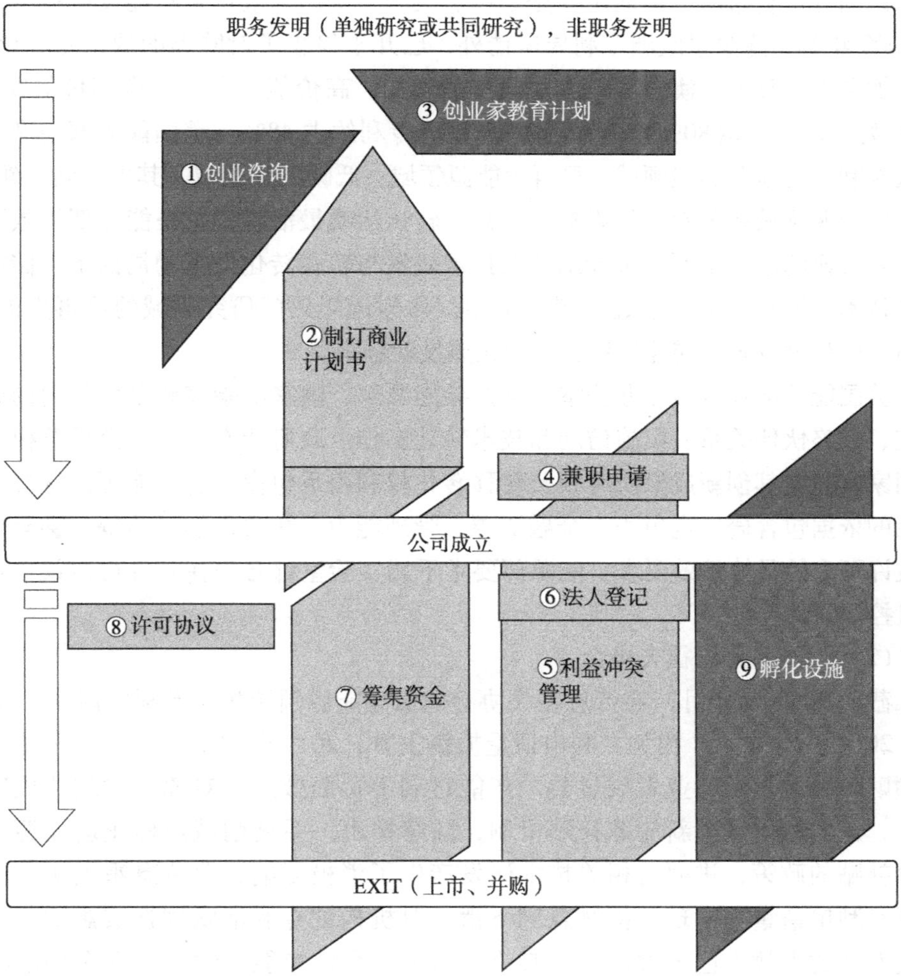

图 4-34　东京大学创业孵化流程

注：■表示产学协同创造推进本部支援业务。

4.4　小结

（1）美国能源部。

截至 2021 年 8 月，美国能源部（含下属实验室）的洁净能源领域相关专利申请共计 8062 件。2009 年前，相关专利申请量增长缓慢，2009—2014 年在美国政府以发展新能源为重要内容的《美国复苏与再投资法案》刺激下，申请量快速增长。近几年，由于美国政府推行化石能源扶持新政，美国能源部洁净能源专利申请活动呈现疲软状态，年度专利申请量一直呈下降表现，影响到美国能源部洁净能源领域专利的整体活跃度，目前专利失效率达 56.0%，后续技术更迭潜力可能存在不足。美国能源部专利布局重头是美国国内市场，重点是储能、可再生能源技术；国外专利布局地早期主要是德国、英国、法国，重点是核能发电技术，但自2000年起，除少量欧洲专利局申请外，已几乎停止了对欧洲的国家专利申请，只在加拿大、日本、澳大利亚有少量专利布局。高价值度专利（合享价值度8～10星级）占比可达80%以上，其中10星级专利约占48%。美国能源部洁净能源领域专利主要涉及储能领域、可再生能源领域、低碳工业领域，其中，储能领域、可再生能源领域相关专利的影响力较高、转让活动最活跃，也是能源部为数不多的专利诉讼的涉诉主题。预计未来在技术研发与转移转化并重的局面下，储能领域的技术发展及产业生态建设潜力充足。作为近年热门研究领域的可再生能源，创新发展程度及技术转化转移也呈现火热发展势头。

美国能源部技术转让办公室负责指导能源部、国家实验室和私营部门的合作研究、战略伙伴关系、设施访问和技术转让工作。政府所有、承包商运营模式下的国家实验室其创新成果所有权及转移转化权利由承包商持有，能源部选择许可对象的依据包含研发竞争力、金融资源、管理能力、相关市场经验等，甚至包括对被许可人的具体绩效要求。能源部要求下属实验室都必须在其许可协议中包含出口控制条款。

（2）德国弗劳恩霍夫协会。

截至2021年8月，弗劳恩霍夫协会的洁净能源领域相关专利申请共计4372件。2000—2016年，相关专利申请量振荡上升；2017年之后，由于清洁能源的巨额财政补贴导致行业发展过热、产能过剩等负面效应，对德国财政造成巨大压力，德国政府调整新能源补贴机制，陆续推出一系列削减或停止新能源上网电价补贴的政策，进而对相关技术研发产生了消极影响，弗劳恩霍夫协会洁净能源专利申请量也出现了持续急剧下滑，对机构的专利活跃度造成影响，目前相关专利的失效率已超过六成。弗劳恩霍夫协会洁净能源领域专利布局的优先地区是欧洲市场，并且利用欧洲专利局、世界知识产权组织途径布防了大量的区域性、国际性专利申请；早期国外市场布局重点是美国、欧洲，2007年开始重视中国、日本等东亚市场。高价值度专利（合享价值度8～10星级）大约占比66%，其中10星级专利占比超过30%。专利技术主要涉及储能领域、可再生能源领域、低碳工业领域，技术影响力较高。专利转让活动多与能源转化技术有关，也有部分低碳化工技术。

弗劳恩霍夫协会在德国共建立了19个创新集群，遍布德国全境，根据当地的产业优势提供针对性的研发支持。协会通过合同研发、专利许可、创新集群等多种方式与企业界建立了广泛的战略或框架性合作关系。弗劳恩霍夫协会针对创新环节提供技术转移的“嵌入式服务”，包括：一是合同研究，这是协会技术转移活动的主要组成部分，来自产业部门的经费来源占比是研究所绩效评估的严格指标。弗劳恩霍夫协会根据具体领域设置联系人，开展需求对接、合同签订、售后服务等工作；二是衍生公司，鼓励研究人员组建公司并保持研发合作，甚至进行股权投资，由弗劳恩霍夫风险投资公司负责衍生公司的管理和投资业务；三是技术许可，设置了知识产权转让数据库，建立弗劳恩霍夫未来基金会用于投资与知识产权相关的研究。

（3）日本东京大学。

截至 2021 年 8 月，东京大学的洁净能源领域相关专利申请共计 1736 件。2000—2014 年，在日本政府的几次洁净能源产业政策激励下，东京大学相关专利年度申请量在振荡中保持攀升，2014 年之后开始振荡下行。专利授权量在 2011—2015 年飞速攀升，近五年在较高位置保持波动。目前有效授权专利及活跃审中申请占半数以上（占 53.2%），专利的权利稳定性及后续技术更新潜力较好。东京大学洁净能源领域专利市场布局重心是日本国内，对国外市场主要关注美国、中国、韩国；2010 年以后，提升了国外市场布局力度，并且明显加强了对世界知识产权组织、欧洲专利局的国际性、区域性专利申请投入。国内外市场布局的技术重点都是关于发电输电配电相关的温室气体减排技术，但国外市场的技术布局结构中，加大了二次电池及其制造、低碳化工相关技术占比。高价值度专利（合享价值度 8～10 星级）占比 67.6% 以上，其中 10 星级专利约占 36.5%。东京大学洁净能源专利主要涉及储能技术、低碳工业技术、可再生能源技术，技术影响力较好，对比美国能源部、德国弗劳恩霍夫协会，东京大学在氢能及燃料电池、低碳生物技术方面，也具有较好技术影响力。专利转让活动主要集中在储能、可再生能源、氢能技术，也涉及二氧化碳捕集与转化利用技术、低碳交通技术；转让活动 78% 以上发生在日本，日本之外最活跃的转让市场是中国。专利诉讼焦点大多关于储能技术、可再生能源技术，少量涉及低碳生物技术；诉讼活动主要发生在日本，日本之外的诉讼高发地是韩国。

东京大学知识产权运营工作在校内和校外两大板块协同开展。在校内成立产学协同创造推进部，负责校内科技成果的开发、申请、注册、管理及外部活用。与校外东京大学 TLO 有限公司、东京大学优势资本有限公司、东京大学创新平台有限公司等合作开展知识产权运营。

首先，一体化运营流程中，大学产学协同创造推进部下设知识产权部负责管理校内技术成果的行政事务，东京大学 TLO 有限公司负责专利申请的技术评估及许可等商务活动，负责促进校内基础研究向产业应用研究的转化。其次，创业孵化流程中，东京大学优势资本有限公司为东京大学的初创公司提供早期风险投资和业务支持，东京大学创新平台有限公司提供零基础创业支持计划等孵化支持，扩展东京大学创新生态系统。

第 5 章　洁净能源领域在华专利概况

本章分析对象为 2000—2021 年洁净能源领域在华发明专利申请，截至 2021 年 8 月，共计 116 059 件专利。

5.1　专利申请时间趋势

2000—2018 年，洁净能源领域在华专利申请量呈持续攀升趋势（图 5 – 1），这与我国对清洁能源产业的重视密不可分。2001 年国家“十五”规划提出“促进能源利用向高效化、清洁化方向发展”，2007 年能源发展“十一五”规划提出“努力构筑稳定、经济、清洁的能源体系，以能源的可持续发展支持我国经济社会可持续发展”，“十四五”规划将壮大清洁能源产业作为能源领域重要目标和任务。我国政府对清洁能源产业的高度重视促进了相关研发热潮，激励各类创新主体投身洁净能源技术创新活动，推动在华专利申请量持续增长。2006 年、2016 年专利年度申请量出现了两次明显跃升，迄今仍保持在较高水平。

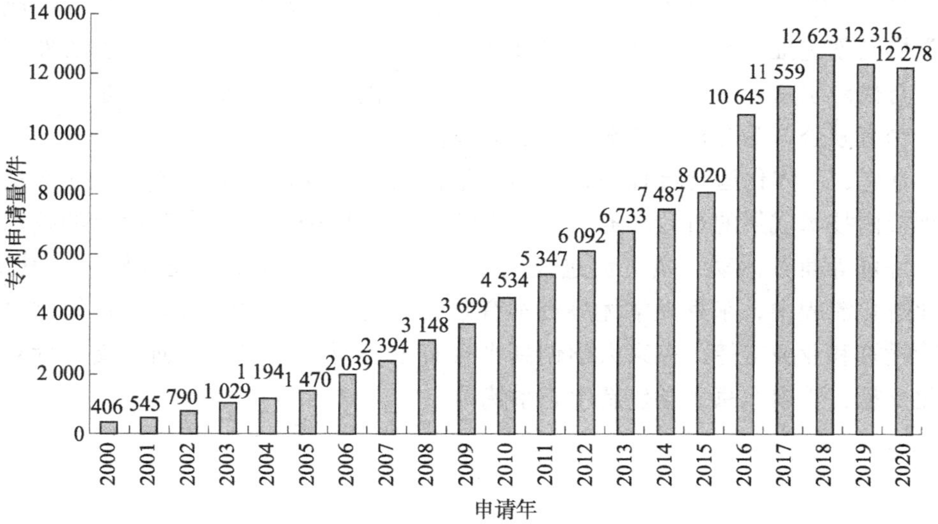

图 5 – 1　洁净能源领域在华发明专利申请趋势（2000—2020）

5.2　专利技术策源地

洁净能源领域在华专利技术策源地（图 5－2）分析显示，中国国内申请占据主导地位。国外在华申请主要来自美国（3.9%）、日本（3.3%）、德国（1.2%）和韩国（0.9%）。北美、东亚和欧洲的创新主体比较注重在中国市场的洁净能源专利布局。这是因为：一方面，这些地区是全球范围最重视洁净能源领域科技研发投入的地区；另一方面，中美、中欧及中国同亚洲其他国家有着良好的贸易基础。

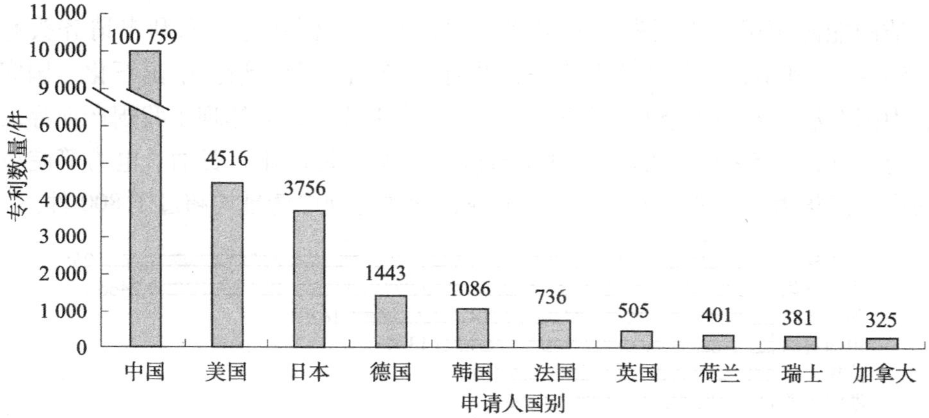

图 5－2　洁净能源领域在华专利技术策源地

中国申请人的专利申请数量一直保持高速增长，是推动在华相关专利申请

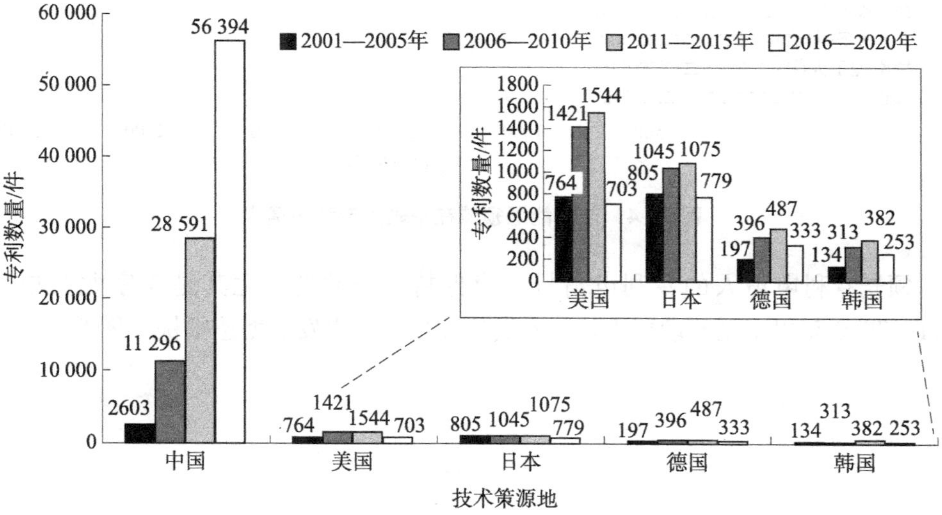

图 5－3　洁净能源领域在华主要技术策源地专利申请趋势

量增长的重要驱动力。美国、日本、德国、韩国申请人的在华专利申请都在2011—2015年达到了最高值，此后2016—2020年在华专利申请量都表现出下降的趋势（图5－3）。全球范围内除中国以外的几个主要国家，2016—2020年洁净能源研发周期都先后进入了一个调整时期，相关专利创造活动有所衰减，申请量出现一定回落。

5.3 领先研发主体

5.3.1 在华领先专利申请人

洁净能源领域在华领先专利申请人中，产学研创新主体专利申请齐头并进（图5－4）。其中，中科院位列第一，共有2655件专利申请。中国石化、国家电网、中国石油3家国有企业蝉联第2、第3、第4位，充分体现了我国产业界的创新实力。排在第5～15位的都是理工科院校，尤其是矿业、石油、电力等院校表现突出，清华大学、浙江大学、中国矿业大学的专利申请量均超过了800件。

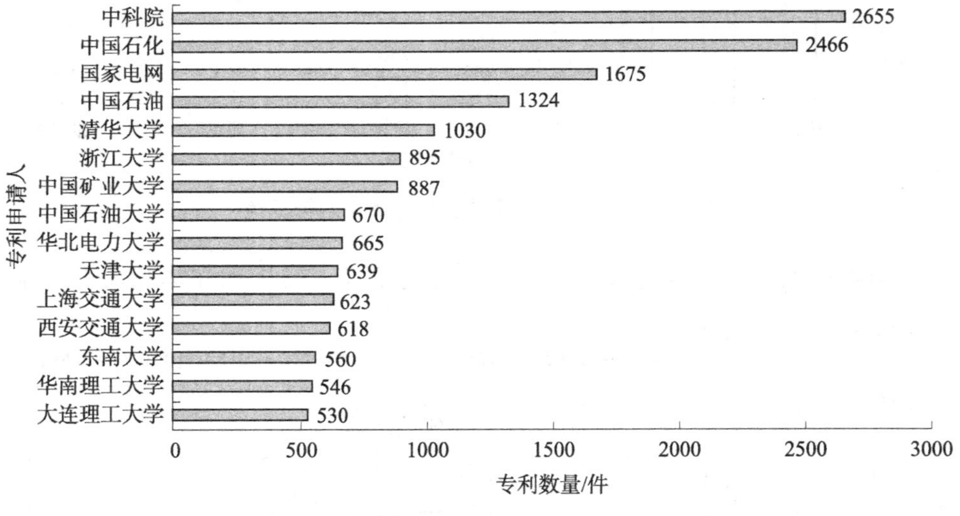

图5－4 洁净能源领域在华领先专利申请人

领先专利申请人的专利申请量一直保持增长趋势。尤其是3家龙头单位，2011—2020年以来创新动能十足，专利研发投入产出发展增速很快（图5－5）。

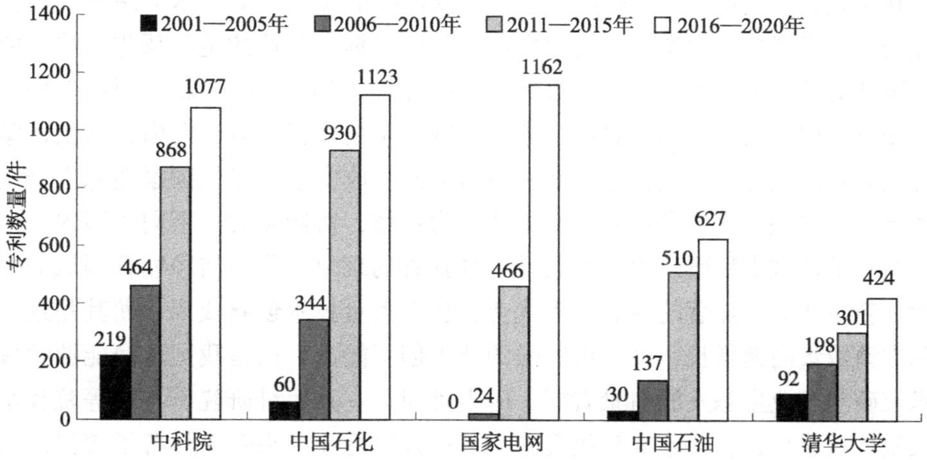

图 5－5　洁净能源领域在华领先专利申请人申请趋势

5.3.2　在华活跃专利申请人

2016—2020 年洁净能源领域在华专利申请最活跃的 10 家机构中（图 5－6），科研院所和高校有 7 家，企业有 3 家。其中，国家电网、中国石化、中科院位列前三，显示近年我国相关龙头企业、科研机构在推动我国能源科技自立自强、保障国家能源安全方面的高度重视与投入力度。不仅以国家电网为代表的龙头企业，矿业、交通、石油、电力类院校近年也纷纷发力，专利创造活跃，中国矿业大学、西安交通大学、华北电力大学、中国石油大学、天津大学 2016—2020 年的洁净能源领域专利申请数量占各自专利总量比均超过 50%。

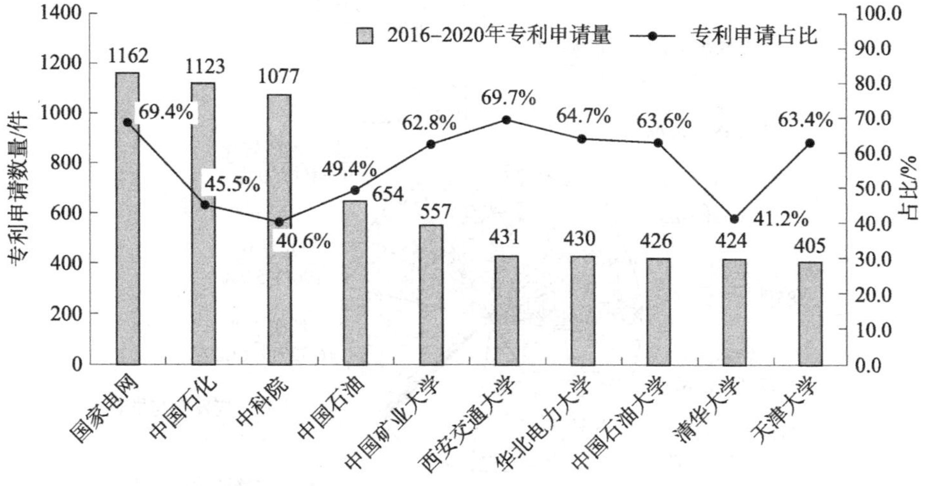

图 5－6　洁净能源领域在华活跃专利申请人

在华领先专利申请人情况反映出，我国洁净能源领域的技术创新与产业发展已经初步形成了良好生态。一是国内创新主体占据了行业的绝对领先地位。能源是经济社会发展的物质基础和命脉所在，我国是全球最大的能源生产国和消费国，能源安全是国家安全战略和总体国家安全观的重要组成部分，国内创新主体掌握了行业创新的绝对主动权，对于确保我国能源供应安全、守住国家能源安全底线至关重要。二是产学研类型的创新主体实力不俗，协同发力。不同于国内其他一些高新技术领域中科研机构专利数量一枝独秀的现象，我国洁净能源领域的龙头企业创新主体具有显著的专利领先优势，拥有大量技术创新成果，尤其是近十年专利申请数量高速增长，显示出极强的技术创新能力。三是我国洁净能源领域的技术突破与产业生态发展前景看好，潜力可观。一方面科研院所与高等院校掌握着大量创新成果，有待落地转化实施，另一方面行业龙头企业具备了较强的技术承接能力与成果应用实施能力，因此行业进一步发展的技术创新驱动力储备丰富，技术突破存在较多可能，产业化实施路径通畅，产业生态良性发展潜力巨大。

5.4 重点研发方向

5.4.1 专利技术构成

洁净能源在华专利技术重点是能源开采、转化和储存，以太阳能为首的可再生能源利用，以及在工业和建筑中的应用等领域。在华专利技术构成（图 5 –7）中，氢能及燃料电池领域的专利申请数量最多，占比超过 14%，其后依次是低碳工业、可再生能源、储能、低碳建筑和化石能源开采领域。

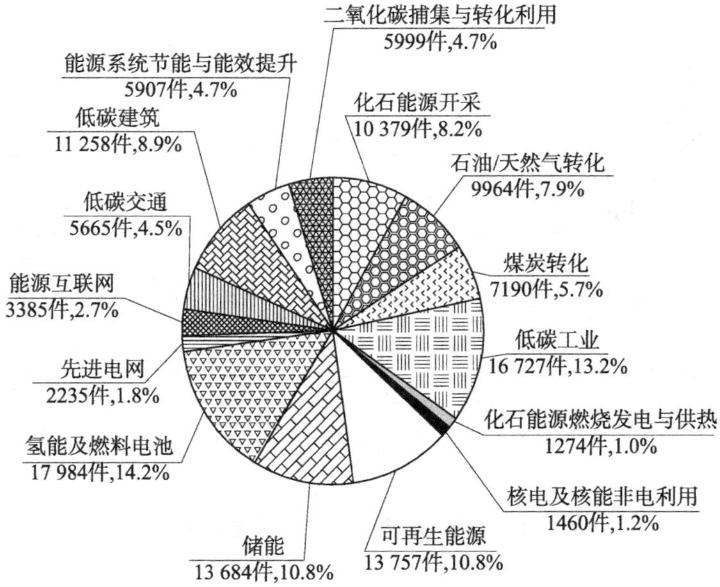

图 5 –7 洁净能源领域在华专利技术构成

洁净能源领域在华发明专利的技术构成如图 5－8 所示，各个技术方向的相关专利申请数量呈现出与目前社会经济应用现实需求之间的高度关联。

（1）化石能源开采领域：目前我国的能源结构中化石能源占比仍然较大，其中，石油勘探开采和天然气勘探开采处于领先地位，专利申请量之和占整个化石能源开采领域的 72%。

（2）石油/天然气转化领域：近七成（占比 69%）专利申请涉及石油炼化成品生产相关技术（7105 件）。

（3）煤炭转化领域：主要涉及煤制燃料（占比 35%）、煤炭分级分质转化（占比 31%）和煤制化学品（占比 19%）。

（4）低碳工业领域：包含技术类别最多，最主要的是工业共性环节相关技术（占比 29%）、造纸技术（占比 25%）、低碳化工技术（占比 17%）、建材技术（占比 14%）、金属产品技术（占比 8%）等。其中，低碳化工技术包括：甲醇（占比 6%），合成氨（占比 5%），高价值化学品（占比 3%），苯、甲苯与二甲苯（占比 1%），塑料（占比 1%），乙烯（占比 1%）。

（5）化石能源燃烧发电与供热领域：与化石能源开采领域以石油和天然气开采专利为主的现象有所区别，该领域以燃煤发电相关专利申请量为主（占比 73%）。

（6）核电及核能非电利用领域：核裂变能相关专利申请量占绝对主导地位（占比 87%）。

（7）可再生能源领域：太阳能仍是目前使用最为广泛的可再生能源，作为新兴能源的地热能，相关研发与应用还处于起步阶段。几种类型可再生能源相关专利申请量占比依次是：太阳能（占比 46%）、风能（占比 21%）、海洋能（占比 18%）、生物质能（占比 14%）、地热能（占比 1%）。

（8）储能领域：物理储电（占比 42%）、化学储电（占比 31%）、储热/储冷（占比 27%）三类技术专利申请量规模相差不大。

（9）氢能及燃料电池领域：涉及氢能的制造、运输、使用、存储环节。目前以氢能使用环节的相关专利申请最多（占比 42%），其次是存储环节（占比 27%）和制造环节（占比 23%），运输环节的专利申请量最少（占比 8%）。

（10）先进电网领域：并网相关专利申请量占绝大多数（占比 89%），输电、配电技术相关专利申请分别仅有 100 余件。

（11）能源互联网领域：主要涉及能源的信息化（占比 45%）、能源效率终端智能化（占比 31%）、能源系统与信息系统融合（占比 24%）。

（12）低碳交通领域：专利申请量与目前各种不同类型交通方式的应用范围和使用频率密切相关，由于目前道路交通仍然是使用频率最高的交通方式，所以绝大多数低碳交通专利与道路交通相关（占比 89%），铁路交通（占比 6%）、水运交通（占比 4%）和航空交通（占比 1%）相关专利数量相对较少。

（13）低碳建筑领域：主体是供热与供冷相关技术（占比 52%）、建造与翻新相关技术（占比 35%）。

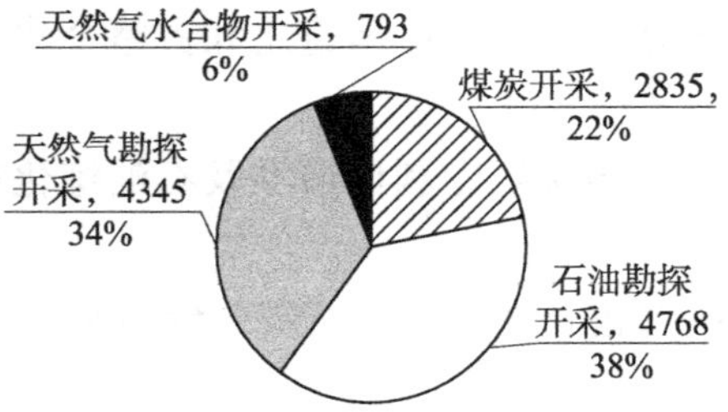

（a）化石能源开采

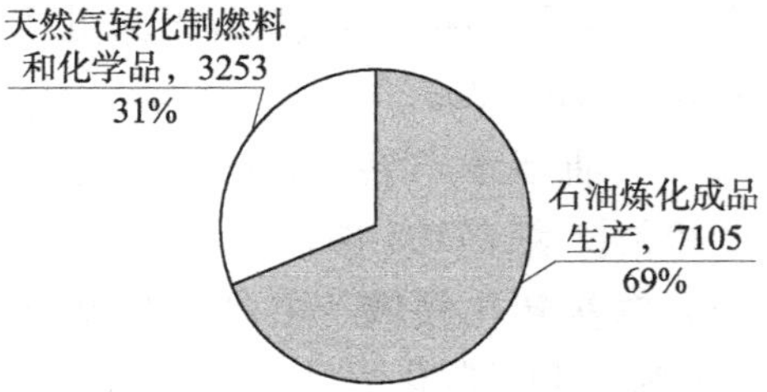

（b）石油/天然气转化

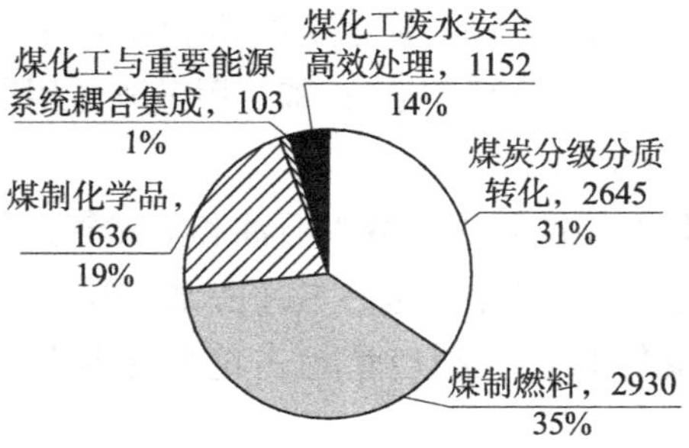

（c）煤炭转化

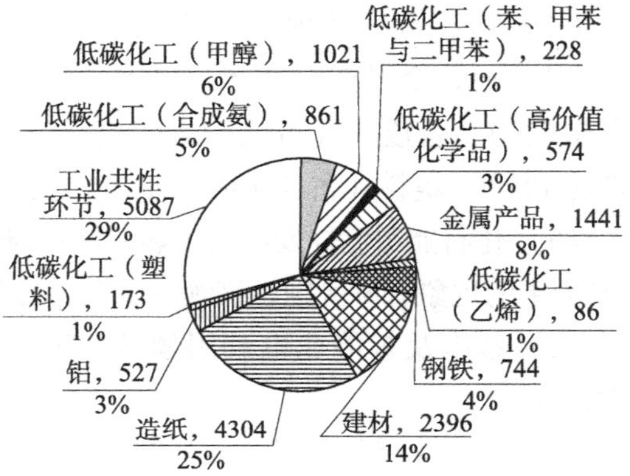

（d）低碳工业

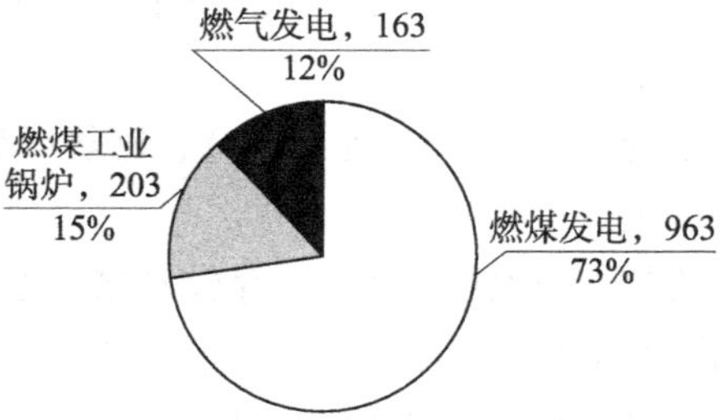

（e）化石能源燃烧发电与供热

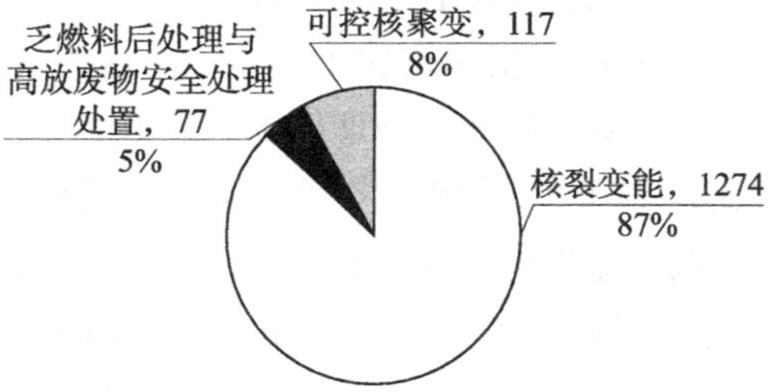

（f）核电及核能非电利用

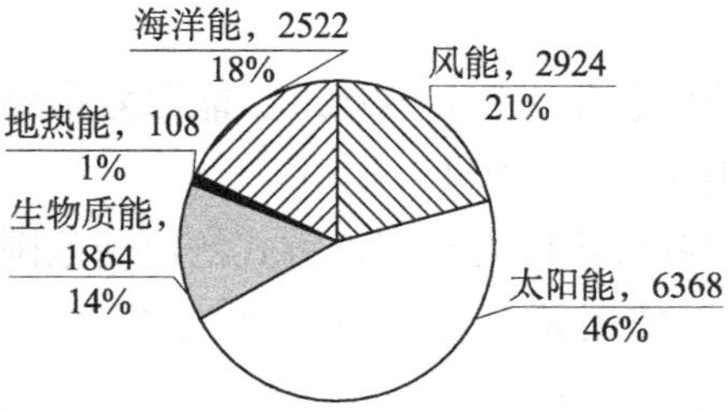

（g）可再生能源

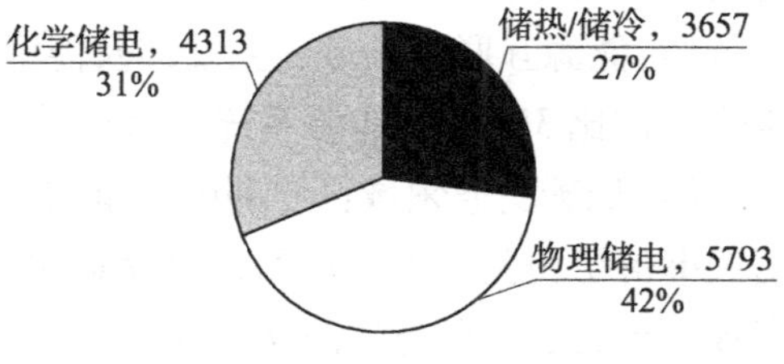

（h）储能

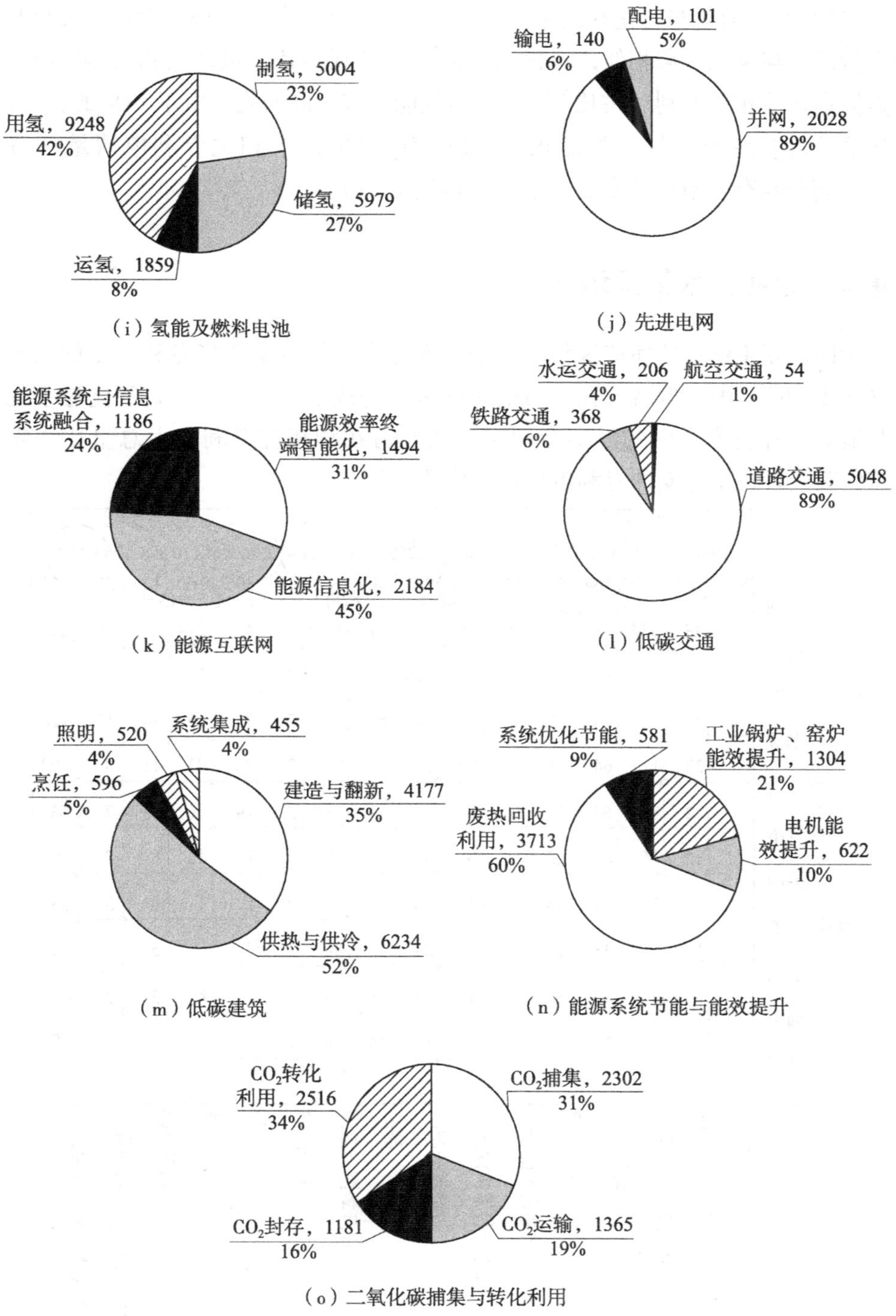

图5-8 洁净能源领域在华专利申请技术构成（单位：件）

（14）能源系统节能与能效提升领域：目前最主要的是废热回收利用相关技术（占比 60%）与工业锅炉、窑炉能效提升相关技术（占比 21%）。

（15）CO_2 捕集与转化利用领域：包含了 CO_2 的捕集、运输、封存和转化利用四个阶段。与氢能领域相似，转化利用环节的专利申请量最多（占比 34%）。其次是捕集环节相关专利（占比 31%）。与氢能领域不同的是，由于 CO_2 的特殊性，对运输的需求高于对封存的需求，所以 CO_2 运输环节相关专利申请量（占比 19%）高于封存环节相关专利申请量（占比 16%）。

5.4.2 专利技术策源地

中国创新主体在洁净能源领域各个技术分支都保持了在华专利产出的领先地位（图 5－9）。中国申请人在化石能源开采、先进电网、低碳建筑和能源系统节能与能效提升技术方向的发明专利申请数量占在华相应专利技术总量比均超过 95%，其余各技术分支的专利申请占比均超过 70%。

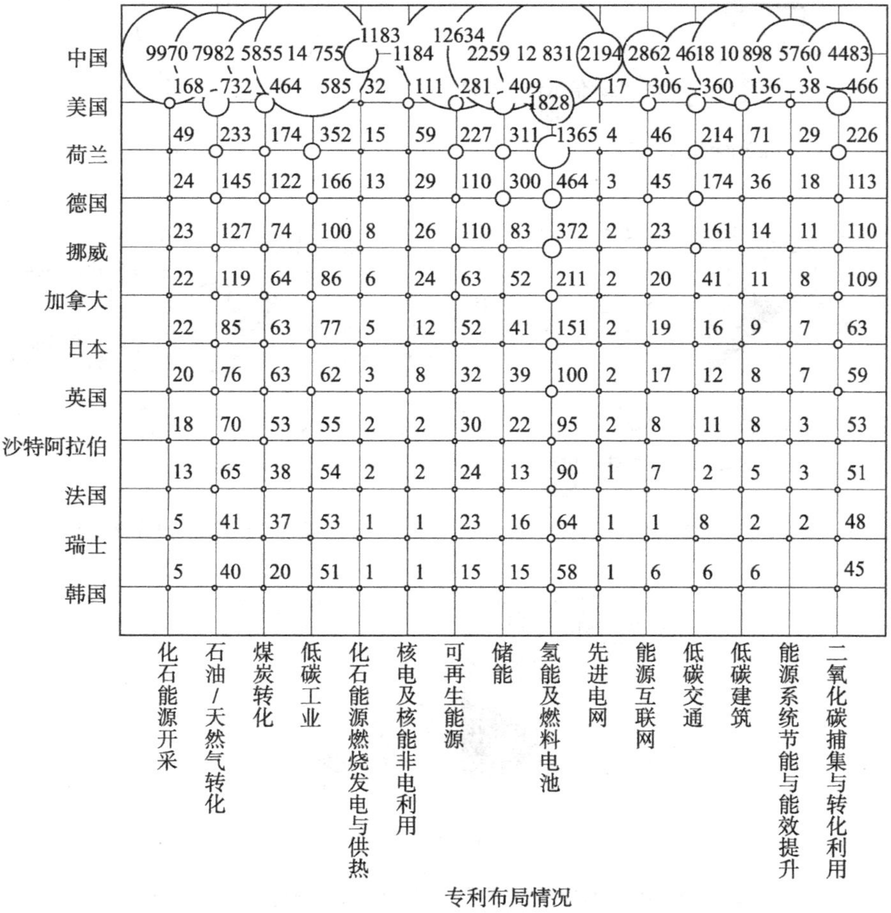

图 5－9　洁净能源领域在华专利技术策源地专利布局情况（单位：件）

西方发达国家在中国的专利布局重点是新能源技术、能源系统信息化与智能化。当前在华专利申请占比最高的技术领域依次有：氢能及燃料电池（占比27.2%）、二氧化碳捕集与转化利用（占比23.1%）、核电及核能非电利用（占比18.8%）、石油/天然气转化（占比17.8%）、煤炭转化（占比16.7%）、能源互联网（占比14.8%）。这些技术领域关乎我国在“双碳”目标愿景下实现能源转型与低碳发展，应予以密切关注，防止国外来华专利战争，保障未来国家能源命脉安全，争取更大的技术主动权与国际话语权。

5.5　专利申请有效性

洁净能源领域在华专利整体活跃率较高（图 5－10），除低碳建筑相关技术外（活跃率为47.9%），其余技术分支活跃率均超过50%，核电及核能非电利用技术的专利活跃率更是达到了76.7%，专利申请存活质量与技术更新活力最高。

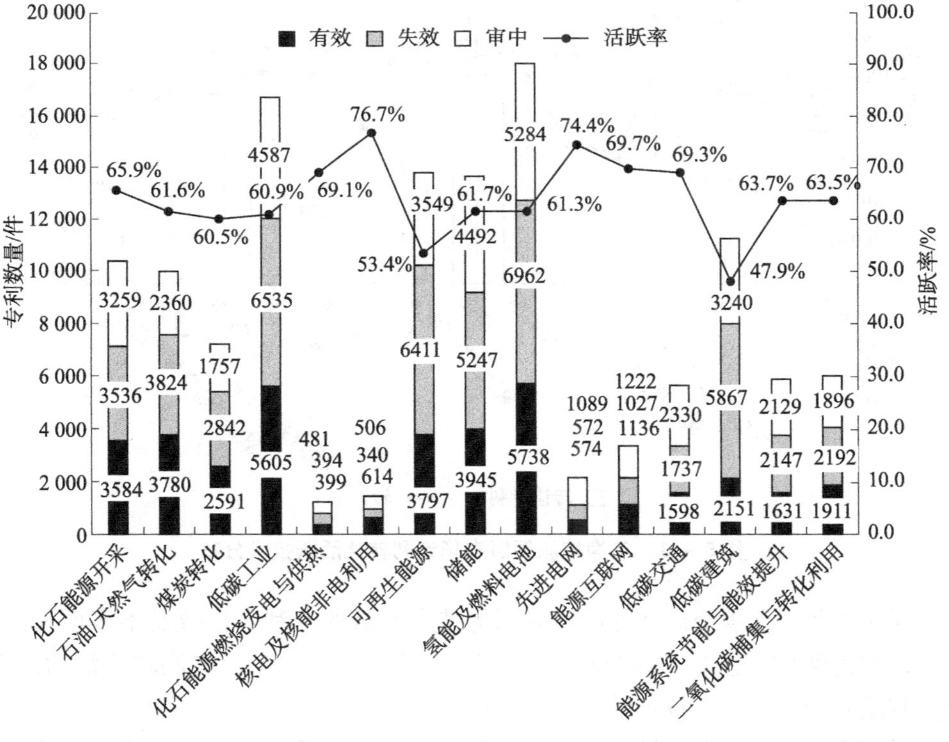

图 5－10　洁净能源领域在华专利法律状态分布及活跃率

先进电网技术及低碳交通技术近年来发展较快，处于审中状态的专利申请占相应专利技术总量的40%以上，技术更新潜力较充足。石油/天然气转化和煤炭转化技术近年来的发展速度有所下降，审中状态的专利申请数量占相应总量不足25%。核电及核能非电利用领域的有效专利占相应专利总量的42.1%，而低碳建筑领域的有效专利仅占相应专利总量的19.1%，相关专利权利的稳定性较弱。

5.6 专利技术运营

5.6.1 专利技术转让

低碳工业、氢能及燃料电池、可再生能源、储能、低碳建筑等技术不仅在华专利申请数量储备丰富，而且转让数量较多、转让率也较高，创新主体对技术研发与转移转化活动保持较高热度（图5-11）。在技术研发热潮、技术转化热潮的双重驱动下，这些技术应该会继续保持在“快车道”发展。

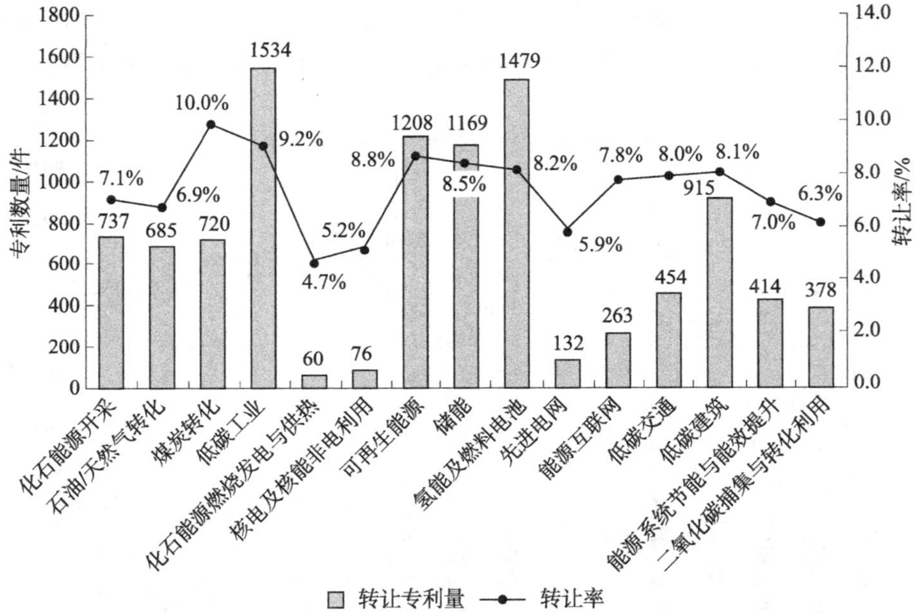

图5-11 洁净能源领域在华专利转让活跃技术分布

煤炭转化、低碳交通和能源互联网等技术领域的专利转让数量不多但转让率居高，均达到8%左右。这些技术领域当前的产业需求旺盛，专利转让活动活跃，但专利成果产出有限，技术供给可能尚存在一定缺口。

化石能源燃烧发电与供热、核电及核能非电利用及先进电网技术的相关专利转让数量与转让率都较低。

在华专利转让数量领先的10个专利转让人中，中国机构有7个，包括3个研究机构、2个高校与2个企业。北京有色金属研究总院是目前洁净能源领域在华专利转让数量最多的转让人，转让技术主要涉及低碳工业、氢能及燃料电池、高温超导储热技术。专利转让活跃的科研机构与高校还有清华大学（67件）、中国科学院大连化学物理研究所（59 件）、中国电力科学研究院（48 件）、上海交通大学（42 件）。3 家转让活动活跃的国外机构分别是日本的株式会社东北村田制作所、索尼公司和美国的通用电气公司（表 5 – 1）。

表 5 – 1　洁净能源领域在华专利转让活跃人　　（单位：件）

转让人（不含受让人）	专利转让数量	涉及技术领域
北京有色金属研究总院	80	低碳工业、氢能及燃料电池、高温超导储热技术
上海神力科技有限公司	78	氢能及燃料电池
株式会社东北村田制作所	76	低碳交通
索尼公司	68	低碳交通、锂离子二次电池
清华大学	67	核电及核能非电利用、能源互联网、二氧化碳捕集与转化利用、可再生能源、储能、先进电网、氢能及燃料电池、能源系统节能与能效提升
通用电气公司	67	氢能及燃料电池、锂离子电池、煤制化学品
中科院大连化物所	59	煤炭转化、储能、氢能及燃料电池、低碳化工、能源系统节能与能效提升、石油/天然气转化
北京顶荣光伏科技有限公司	56	太阳能电池
中国电力科学研究院	48	先进电网、能源互联网、可再生能源、储能
上海交通大学	42	储能、可再生能源、二氧化碳捕集与转化利用、氢能及燃料电池、低碳化工

5.6.2　专利技术许可

在华发明专利的许可活动活跃度整体偏低，各相关技术类别的专利许可率居于 0.2% ~ 1.1% 范围（图 5 – 12）。相对而言，低碳工业、可再生能源和氢能及燃料电池技术的许可活动稍多，在华专利许可数量超过 100 件，这些技术的在华专利申请量较高，技术成熟度相对较好，产业关注度较高。

高校和科研院所的专利许可活动表现较好，许可活动最活跃的前 12 个机构中，科研院所和高校占 3/4（表 5 – 2）。南京邮电大学位列第 1，许可技术主要集中在能源互联网、可再生能源领域。第 2 位是西安交通大学，许可技术集中在氢能及燃料电池、化学储能领域。

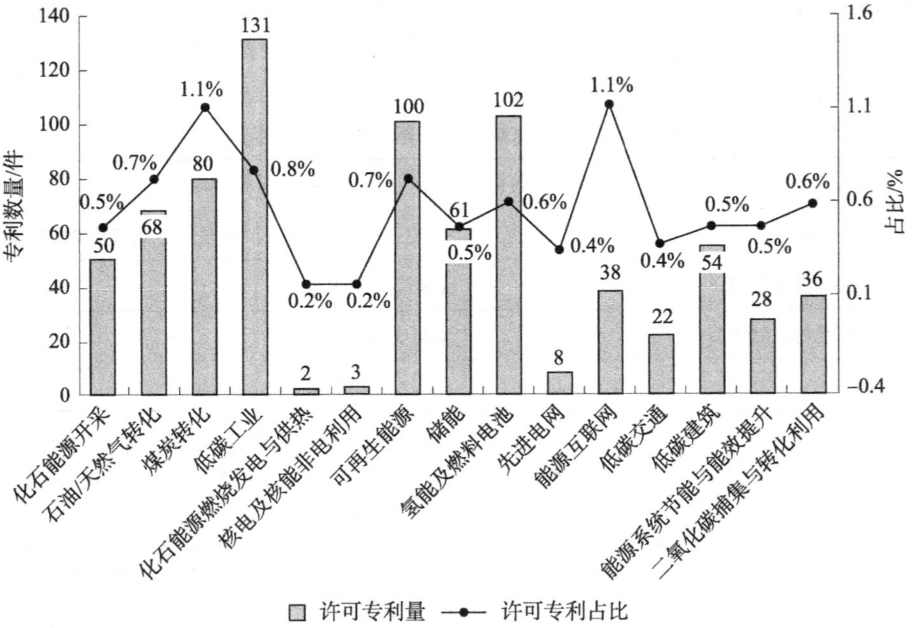

图 5－12　洁净能源领域在华专利许可活跃技术分布

表 5－2　洁净能源领域在华专利许可活跃人　（单位：件）

许可人（不含个人）	专利许可数量	涉及领域
南京邮电大学	20	能源互联网、可再生能源
西安交通大学	11	氢能及燃料电池、化学储能
南京林业大学	10	生物质能、低碳化工
株式会社杰士汤浅国际	10	氢能及燃料电池
浙江大学	9	能源互联网、可再生能源、二氧化碳捕集与转化利用、氢能与燃料电池
上海神力科技有限公司	8	氢能及燃料电池
中国石油大学（华东）	6	化石能源开采
北京航空航天大学	6	低碳交通、锂离子电池、氢能及燃料电池
华中科技大学	6	太阳能电池、储能
华南理工大学	6	能源系统节能与能效提升、低碳建材、低碳造纸、氢能及燃料电池、太阳能电池
天津大学	6	氢能及燃料电池、生物质液体燃料技术
郎泽科技香港有限公司	6	生物质燃气技术

5.6.3　专利诉讼活动

洁净能源在华发明专利各类技术的专利涉诉活动均不活跃（图 5－13），诉讼率表现低于全球水平（图 1－14）。相对而言，低碳工业、低碳建筑技术的在华专利诉讼稍多，可能与这两个技术领域的产业化程度较高、容易产生经济纠纷有关。

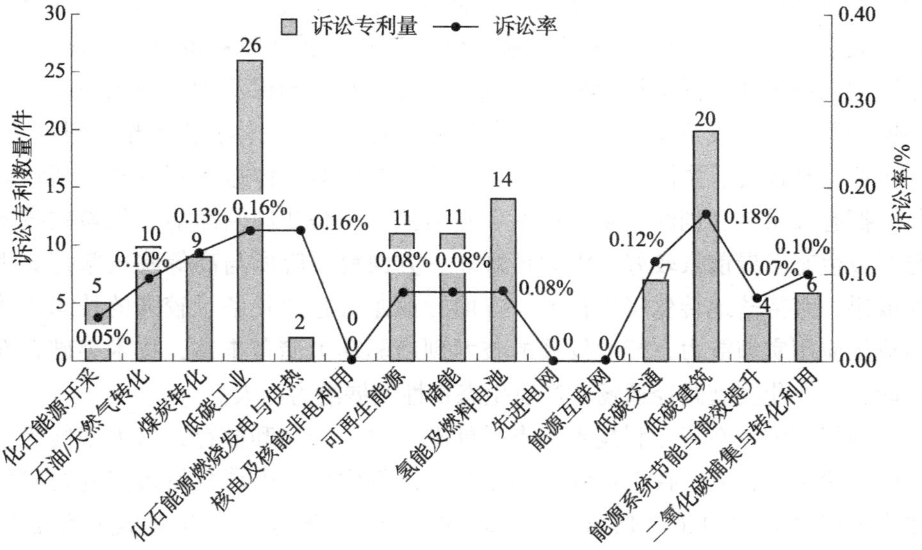

图 5－13　洁净能源领域在华专利诉讼技术分布

从洁净能源领域在华专利技术诉讼类型来看（表 5－3），专利无效方面的诉讼有 12 件，占 13.9%；专利侵权方面的诉讼有 14 件，占 16.3%；其他类型［驳回复审（含行政决定）、权属争议、职务发明、合同争议］有 60 件，占 69.8%。

表 5－3　洁净能源领域在华专利技术诉讼类型　（单位：件）

诉讼类型	专利数量
其他案件（other cases）	60
侵权诉讼（patent assertions）	14
无效诉讼（validity challenges）	12

5.7　小结

我国政府长期以来对能源发展及清洁能源产业的高度重视激发了各类型创新主体的研发热情，推动了国内在华专利申请量的持续增长。2000 年以来，洁净能源领域在华专利申请量持续攀升，截至 2021 年 8 月相关专利申请量已达 116 059 件，年度专利申请量仍保持较高水平。在华专利申请中，国内申请占据主导地位，国外来华申请主要来自美国（3.9%）、日本（3.3%）、德国（1.2%）和韩国。近年来，由于主要申请国家政府的能源政策导向变化，以及受美国政府对华贸易政策的影响，国外来华申请量有所下降。

洁净能源在华专利申请量领先的15家机构依次是中科院、中国石化、国家电网、中国石油、清华大学、浙江大学、中国矿业大学、中国石油大学、华北电力大学、天津大学、上海交通大学、西安交通大学、东南大学、华南理工大学、大连理工大学。国内洁净能源领域技术创新与产业发展已经初步形成了良好生态。一是国内创新主体占据了行业的绝对领先地位，对于确保我国能源供应安全、守住国家能源安全底线至关重要。二是产学研类型的创新主体实力不俗，科研机构、龙头企业、高校院所协同发力，尤其是龙头企业创新主体近几年专利申请量高速增长，拥有大量专利创新成果，技术创新力强。三是我国洁净能源领域的技术突破与产业生态发展前景较好，潜力可观。一方面科研院所与高等院校掌握着大量创新成果，有待落地转化实施；另一方面行业龙头企业具备了较强的技术承接能力与成果应用实施能力，行业发展的技术创新驱动力储备丰富，技术突破存在较多可能，产业化实施路径通畅，产业生态良性发展潜力巨大。

洁净能源领域在华专利技术重点是能源开采、转化和储存，以太阳能为首的可再生能源利用，以及在工业和建筑中的应用等领域。申请数量较多的技术领域依次是氢能及燃料电池、低碳工业、可再生能源、储能、低碳建筑和化石能源开采。

西方发达国家在中国的专利布局重点是新能源技术、能源系统信息化与智能化。当前国外来华申请占比最高的技术领域依次是氢能及燃料电池（占比27.2%）、二氧化碳捕集与转化利用（占比23.1%）、核电及核能非电利用（占比18.8%）、石油/天然气转化（占比17.8%）、煤炭转化（占比16.7%）、能源互联网（占比14.8%）。这些技术领域关乎我国在“双碳”目标愿景下实现能源转型与低碳发展，应密切关注国外来华专利动向，防止专利战争，加大推动科技自立自强、保障国家能源命脉安全的投入力度，争取未来更大的技术主动权与国际话语权。

专利转让数量、转让率“双高”的技术领域是低碳工业、氢能及燃料电池、可再生能源、储能、低碳建筑。这些技术在研发热潮、转化热潮的双重驱动下，技术创新与产业化会继续保持在“快车道”发展。专利转让数量不多但转让率居高的技术领域有煤炭转化、低碳交通、能源互联网，这些领域当前产业需求旺盛，但技术创新产出成果有限，技术供给可能存在一定缺口。国内专利转让活跃的研究机构有北京有色金属研究总院、清华大学、中科院大连化物所、中国电力科学研究院、上海交通大学。在华发明专利的许可活跃度整体偏低，最活跃的前12个许可机构中，科研院所和高校占3/4，许可技术集中在氢能及燃料电池、化学储能领域。洁净能源领域在华发明专利诉讼率低于全球水平，专利诉讼主要发生在低碳工业、低碳建筑技术领域。

第 6 章　中科院洁净能源领域专利产出态势

中科院洁净能源创新研究院（以下简称“洁净能源创新院”）成立于 2017 年 10 月，以“能源科学与技术创新保障国家能源安全和可持续发展”为使命，构建“1 + X + N”开放融合的创新组织体系，组建能源科技“集团军”，探索建立目标导向、绩效管理、协同攻关、开放共享的新型运行机制。

洁净能源创新院依托单位是中科院大连化物所，共建单位包括中科院青岛能源所（与中科院大连化物所融合发展）、中科院电工所、中科院福建物构所、中科院工程热物理所、中科院广州能源所、中科院过程所、中科院兰州化物所、中科院山西煤化所、中科院上海高研院、中科院上海应物所和中国科学技术大学共 12 家相关中科院院属单位。

6.1　专利产出趋势

2017—2020 年洁净能源创新院的 12 家单位共有专利申请 4920 件，其中，中国发明专利申请 4378 件、实用新型专利申请 260 件、外观设计专利申请 18 件，国外专利申请 264 件。

同期，12 家单位共获得授权专利 2247 件，其中，中国发明专利 1875 件，实用新型专利 241 件，外观设计专利 16 件；国外专利 115 件。

专利产出类型及构成如图 6 – 1 所示。

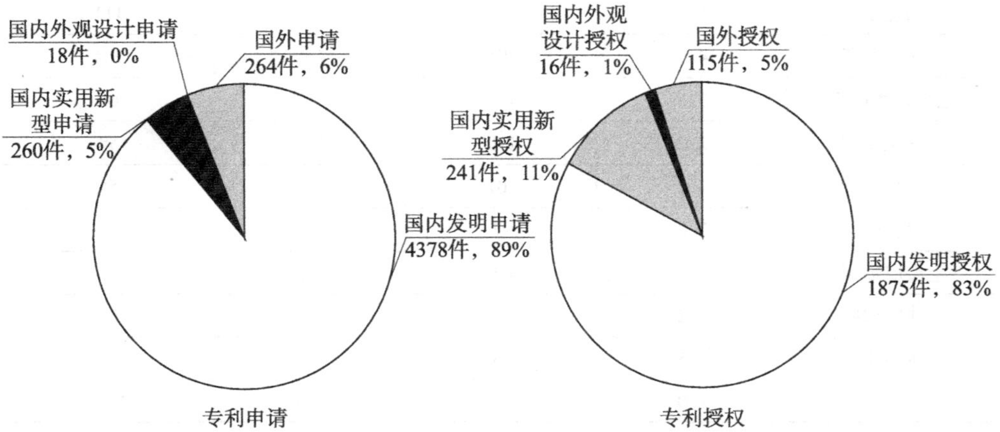

图 6 – 1　洁净能源创新院专利产出类型及构成

自洁净能源创新院成立之后，专利申请量与授权量连续3年持续攀升（图6－2）。

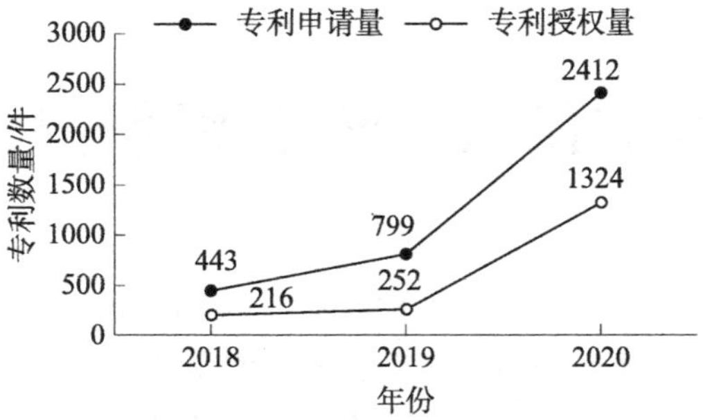

图6－2　洁净能源创新院专利申请及授权趋势

6.2　专利创新主体

洁净能源创新院的依托单位大连化物所发挥了创新主力作用，创新院半数专利产出出自大连化物所。

除大连化物所外，电工所、中国科学技术大学、青岛能源所、广州能源所、工程热物理所5家共建单位也是洁净能源创新院的专利研发生力军。6家机构共囊括了洁净能源创新院90%以上的专利产出（表6－1）。

表6－1　洁净能源创新院专利创新主体构成

研究机构	专利申请（2017—2020年）		专利授权（2017—2020年）	
	占比/%	数量/件	占比/%	数量/件
大连化物所	54.5	2682	44.5	1001
电工所	15.2	747	23.2	521
中国科学技术大学	7.7	379	9.7	219
青岛能源所	5.6	275	4.9	111
广州能源所	4.0	195	4.6	104
工程热物理所	3.6	177	3.0	68
兰州化物所	2.2	110	2.6	58
山西煤化所	2.2	107	2.4	55
过程所	2.0	97	1.0	22
上海应物所	1.4	67	0.8	17
福建物构所	1.2	61	2.4	53
上海高研院	0.5	23	0.8	18
合计	100	4920	100	2247

6.3　专利技术布局

6.3.1　IPC 领域分布

IPC（国际专利分类）属性显示，洁净能源创新院的专利产出比较集中的分类领域有：

化学与物理作业方法类（21%）、化合物产品类（17%），主要来源于大连化物所、中科大；

能量转换与存储方法及装置、供电配电系统等（12%），主要来源于大连化物所、电工所；

分析测试类（6%），主要来源于大连化物所、电工所。

专利数量最多的前10个IPC领域，除供配电电路装置系统类（H02J）之外，其余9个IPC分类领域中，大连化物所的专利申请量都具有明显领先优势（图6－3、表6－2、图6－4）。

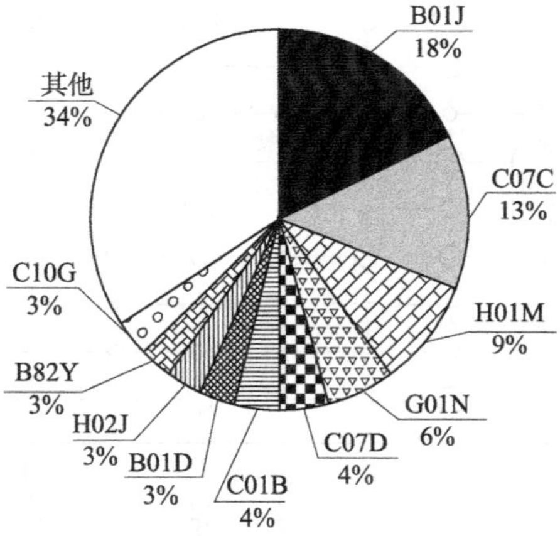

图6－3　洁净能源创新院专利IPC分类构成

表6－2　洁净能源创新院专利IPC分类及释义

序号	IPC分类	专利申请量/件	占比/%	IPC分类释义
1	B01J	1145	18	化学或物理方法，如催化作用、胶体化学；其有关设备
2	C07C	817	13	无环或碳环化合物
3	H01M	597	9	用于直接转变化学能为电能的方法或装置，如电池组
4	G01N	367	6	借助于测定材料的化学或物理性质来测试或分析材料

续表

序号	IPC 分类	专利申请量/件	占比/%	IPC 分类释义
5	C07D	287	4	杂环化合物
6	C01B	262	4	非金属元素；其化合物
7	B01D	204	3	分离的方法或装置
8	H02J	177	3	供电或配电的电路装置或系统；电能存储系统
9	B82Y	168	3	纳米结构的特定用途或应用；纳米结构的测量或分析；纳米结构的制造或处理
10	C10G	163	3	烃油裂化；液态烃混合物的制备，如用破坏性加氢反应、低聚反应、聚合反应；从油页岩、油矿或油气中回收烃油；含烃类为主的混合物的精制；石脑油的重整；地蜡
11	其他	2144	34	—

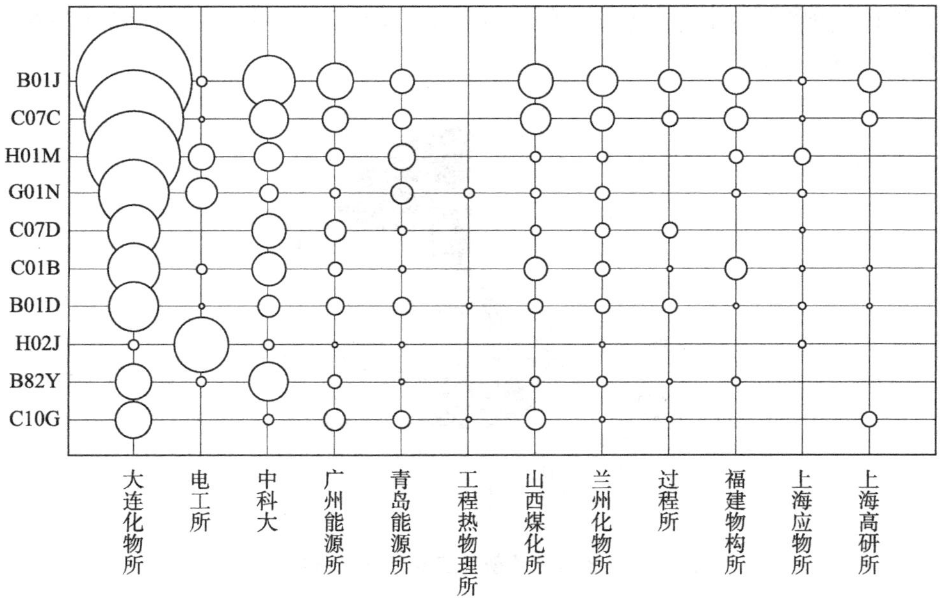

图 6-4　洁净能源创新院专利 IPC 分类分布

6.3.2　技术研发主题

主题聚类结果显示，洁净能源创新院的专利技术主要集中体现出 5 个主题（图 6-5）。

一氧化碳加氢（1647 项）：以大连化物所为主；

液流电池（1275 项）：以大连化物所、电工所、工程热物理所为主；

纳米催化剂（1033 项）：以大连化物所、中国科学技术大学为主；

电力电子变压器（619 项）：以电工所为主；

木质纤维素（326 项）：以大连化所物、青岛能源所为主。

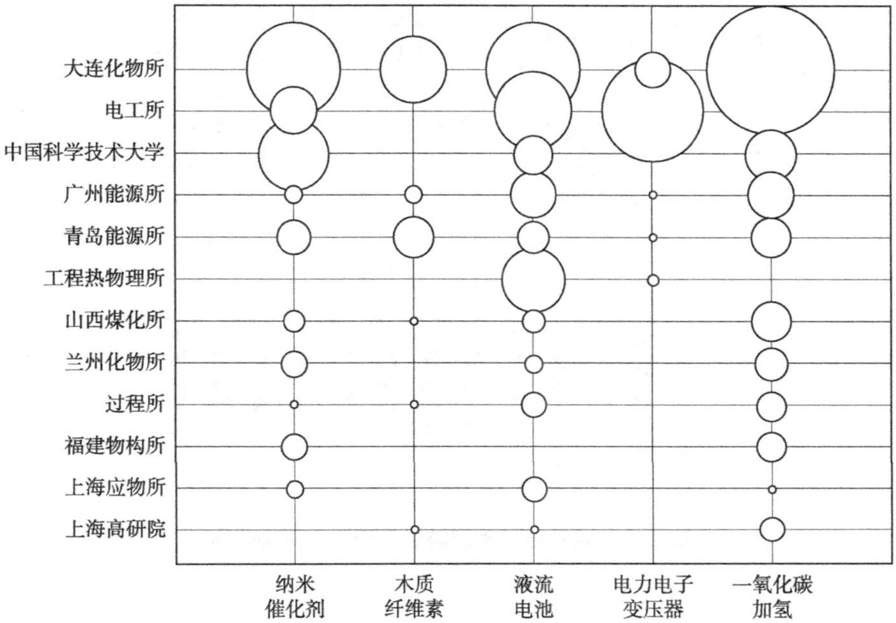

图 6－5　洁净能源创新院专利技术主题分布

6.4　专利价值度分布

根据专利合享价值度测度结果，洁净能源创新院专利产出价值度总体水平较高，平均单件专利的合享价值度达 7 星级以上。分布于高（8～10 星级）、中（4～7 星级）、低（1～3 星级）价值度区间的专利数量占比分别为 47.2%、49.3%、3.5%，中、高星级价值度专利占总量的 96.5%（图 6－6）。洁净能源创新院的高价值度专利主要来自大连化物所、电工所、中国科学技术大学（图 6－7）。

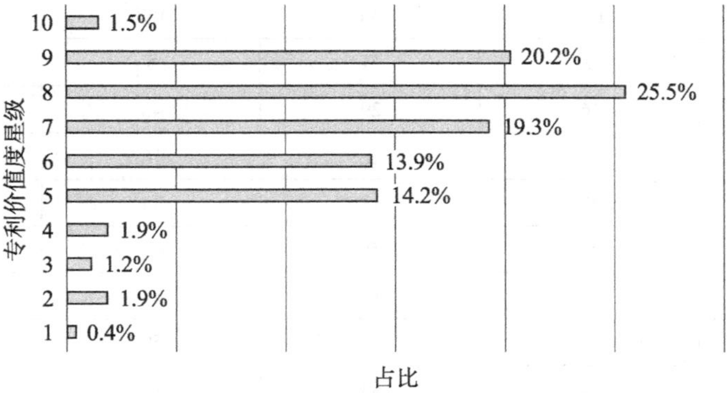

图 6－6　洁净能源创新院专利价值度

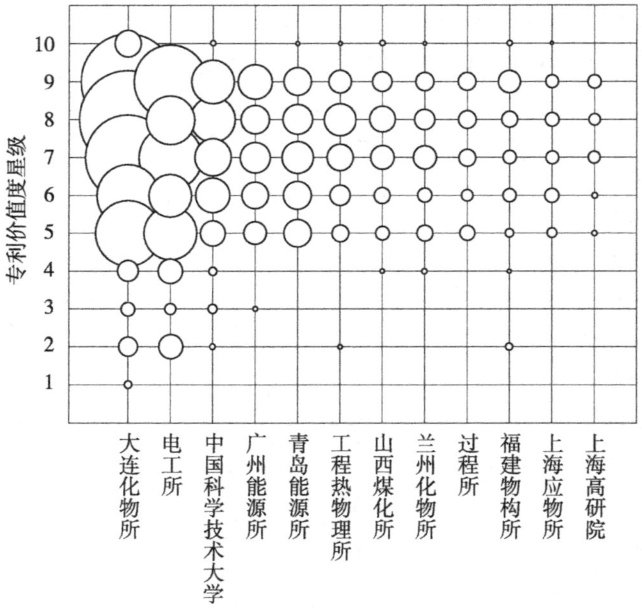

图 6-7　洁净能源创新院专利价值度机构分布

6.5　知识产权运营

6.5.1　知识产权转化形式

2017—2020 年，洁净能源创新院转移转化知识产权共计 1024 件，其中转让 352 件（34.3%）、许可 184 件（18.0%）、作价入股 488 件（47.7%）。大连化物所、工程热物理所、过程所是转移转化知识产权数量最多的 3 家单位。3 家单位转移转化知识产权数量占洁净能源创新院转移转化总量的近 60%（表 6-3）。

表 6-3　洁净能源创新院转移转化知识产权数量（2017—2020 年）（单位：件）

研究机构	转让	许可	作价入股	合计
大连化物所	151	53	137	341
电工所	9	11	5	25
中国科学技术大学	16	29	40	85
青岛能源所	8	3	16	27
广州能源所	20	13	34	67
工程热物理所	21	9	127	157
兰州化物所	14	10	13	37
山西煤化所	7	1	59	67
过程所	44	53	10	107

续表

研究机构	转让	许可	作价入股	合计
上海应物所	11	0	13	24
福建物构所	15	1	13	29
上海高研院	36	1	21	58
合计	352	184	488	1024

转让、作价入股是多数研究机构的知识产权转化的主要形式。近年来，作价入股方式运用日趋活跃，尤其在工程热物理所、山西煤化所，采取作价入股方式转移转化的知识产权数量分别占该所知识产权转移转化总量的81%、88%（图6-8）。

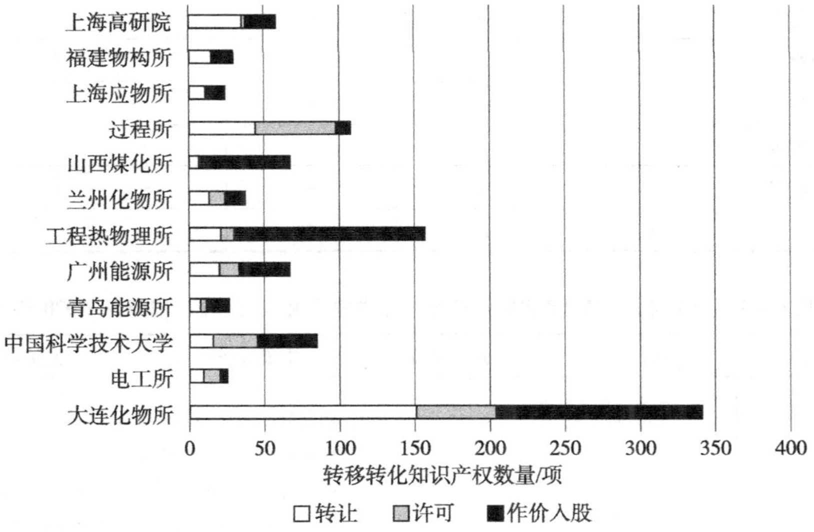

图6-8　洁净能源创新院知识产权转移转化方式（2017—2020年）

6.5.2　转化运营工作影响

2017—2020年，洁净能源创新院共获得中科院科技成果转移转化重点专项（弘光专项）资助项目8项、中科院STS计划“双创”引导项目资助14项，反映出创新院的科技成果产业化工作在中科院内、投资界均获得了较高的认可，且具备未来发展潜力。同期，创新院还获得了中科院科技促进发展奖4项、中科院科技成果转移转化亮点工作6项，显示了创新院在科技促进经济社会发展、服务国民经济主战场方面的工作获得高度认可（表6-4）。项目获奖详情见表6-5、表6-6。

表6－4　洁净能源创新院获得科技成果转化相关项目资助与奖项（2017—2020）

（单位：项）

研究机构	科技成果转移转化重点专项（弘光专项）	STS计划“双创”项目	科技促进发展奖	科技成果转移转化亮点工作	合计
大连化物所	1	3	2	2	8
电工所	1	1	—	—	2
中国科学技术大学	—	—	—	1	1
青岛能源所	1	2	—	—	3
广州能源所	—	1	—	—	1
工程热物理所	3	3	1	2	9
兰州化物所	—	—	—	—	0
山西煤化所	—	—	—	—	0
过程所	—	1	1	1	3
上海应物所	—	—	—	—	0
福建物构所	2	2	—	—	4
上海高研院	—	1	—	—	1
合计	8	14	4	6	32

表6－5　洁净能源创新院获中科院科技促进发展奖获奖团队（2017—2020年）

序号	入选年度	团队名称	完成单位	主要合作单位	主要完成人
1	2017	离子液体绿色工程应用团队	过程所	林州市科能科技材料有限公司、山东易达利化工有限公司、河南省濮阳市盛源石油化工有限公司、惠州市宙邦化工有限公司、江苏奥克化学有限公司、吴江宏力纺织企业发展有限公司	张锁江、张香平、何宏艳、吕兴梅、成卫国、聂毅、王蕾、赵国英、董海峰、张兰
2	2018	煤基乙醇技术创新团队	大连化物所	陕西延长石油、陕西兴化集团有限责任公司、延长中科（大连）能源科技股份有限公司	朱文良、刘中民、刘红超、田鹏、申文杰、刘勇、刘应春、倪友明、王林英、张建明

续表

序号	入选年度	团队名称	完成单位	主要合作单位	主要完成人
3	2019	循环流化床煤气化技术开发及产业化团队	工程热物理所	中科合肥煤气化技术有限公司	吕清刚、于旷世、朱治平、孟广军、高鸣、王东宇、张海霞、那永洁、王坤、董鹏飞
4	2020	新一代氢燃料电池技术研发与应用团队	大连化物所	安徽明天氢能科技股份有限公司、新源动力股份有限公司、阳光电源股份有限公司、国家电网安徽省公司、辽宁省公司、全球能源互联网研究院、潍柴动力股份公司、长江三峡集团、东风汽车集团、葛洲坝集团	邵志刚、侯明、俞红梅、衣宝廉、宋微、孙树成、艾军、林永俐、郑利民、周利

表 6－6　洁净能源创新院获中科院科技成果转移转化亮点工作（2017—2020 年）

序号	获奖年度	亮点工作	完成单位
1	2019	青蒿素实现绿色规模化生产	过程所
2	2019	中国首台千吨级循环流化床煤气化装置交付使用	工程热物理所
3	2019	煤经合成气直接制低碳烯烃技术完成工业试验	大连化物所
4	2020	千吨级“液态阳光”合成项目示范成功	大连化物所
5	2020	中国科大“托珠单抗＋常规治疗”进入新冠肺炎第七版诊疗方案	中国科学技术大学
6	2020	中国首台无烟煤原料循环流化床气化装置成功投运	工程热物理所

6.6　小结

2017—2020 年洁净能源创新院的 12 家依托单位与共建单位共有专利申请 4920 件，其中，中国发明专利申请 4378 件、实用新型专利申请 260 件、外观设计专利申请 18 件，国外专利申请 264 件。同期，12 家单位共获得授权专利 2247 件。洁净能源创新院成立以来，创新集群效应明显。

洁净能源创新院的依托单位大连化物所发挥了创新主力作用，贡献了创新院近半数专利产出。电工所、中国科学技术大学、青岛能源所、广州能源所、工程热物理所等 5 家共建单位也是创新院的专利研发生力军。上述 6 家单位的专利产出占创新院专利产出总量的90%以上。

洁净能源创新院专利产出中，化合物及其制备方法类占比近40%，其次是能量转换与存储方法及装置、供电配电系统类。专利技术研发重点主题是一氧化碳加氢、液流电池、纳米催化剂、电力电子变压器、木质纤维素。

洁净能源创新院专利产出价值度总体水平较高，平均单件专利的合享价值度星级达7星以上，分布于高价值度（8~10星级）、中价值度（4~7星级）、低价值度（1~3星级）区间的专利数量占比分别为47.2%、49.3%、3.5%，中、高星级价值度专利数量占总量的96.5%。高价值度专利主要来自大连化物所、电工所、中国科学技术大学。转让、作价入股是多数成员单位的知识产权转化主要形式，近几年，作价入股方式运用日趋活跃。

2017—2020年，洁净能源创新院共获得中科院科技成果转移转化重点专项（弘光专项）资助项目8项、中科院STS计划“双创”引导项目资助14项、中科院科技促进发展奖4项、中科院科技成果转移转化亮点工作6项。

第7章　大连化物所洁净能源领域专利产出态势

7.1　专利产出概况

7.1.1　专利产出时间趋势

截至本次检索日❶，大连化物所各类专利产出总量12 144件。其中，发明专利占95.1%，实用新型专利约占4.5%，外观设计专利约占0.4%。

大连化物所发明类型专利申请的发展趋势（图7－1）反映出研究所科技创新活动与国际国内的政策环境、科技经济产业发展形势的密切关联性。

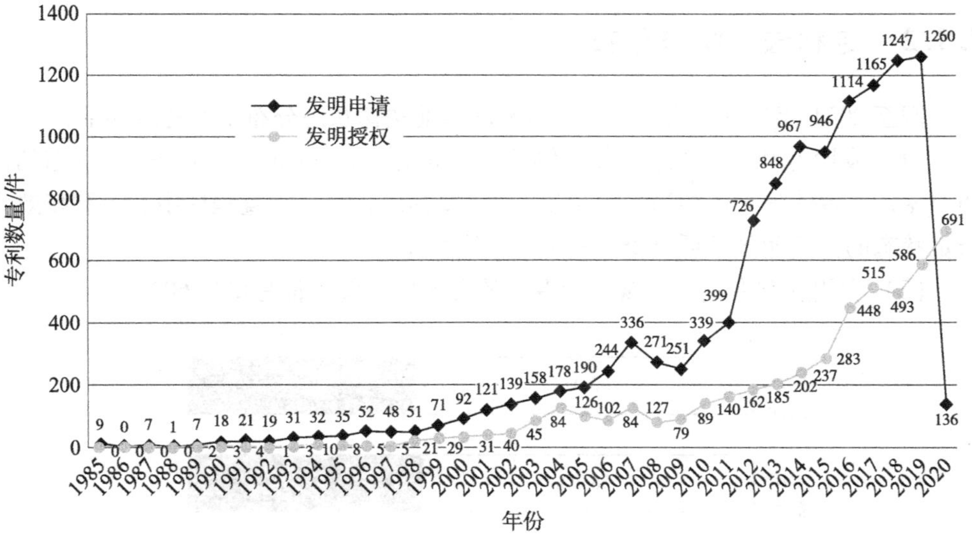

图7－1　大连化物所发明专利产出趋势

从图7－1可以看出：

（1）大连化物所属于国内最早重视专利制度运用的科研院所之一，在《中华人民共和国专利法》正式实施的1985年4月1日即产生发明专利申请8件，同年11月21日再申请发明专利1件，其中5件申请于1986—1990年先后获得授权。

❶　检索日期：2021年7月。

此后，发明专利申请量总体保持增长，尤其1998年获批开展知识创新工程后，发明专利年度申请量持续增加。

（2）2005—2007年，伴随国家知识产权战略、中国科学院知识产权战略启动，大连化物所的发明专利申请量出现第一次明显跃升，于2007年达到第一个小高峰，336件。2008—2009年专利年申请量有所回落，可能与2008年全球金融危机有关，一定程度上也反映了大连化物所科技创新活动与产业发展的关联性。

（3）2011年，在小幅回落后，大连化物所发明专利申请量再次步入增长轨道，2011—2019年呈现飞速增长，尤其是2012年出现“井喷”。除了研发创新活动自身原因外，应当与大连化物所的发展战略调整及知识产权管理实施的调整有所关联。

（4）鉴于2020年、2021年提交的专利申请尚未完全公开，大连化物所专利年度申请量仍有延续攀升的趋势。

（5）伴随发明申请量稳步增长，发明授权量呈现出相似的稳步增长趋势，但自2011年以来授权量增长趋势日益滞后，两趋势曲线的间距逐渐增大。其原因可能是自2011年起PCT专利申请的增长延长了整体审查周期❶，国际专利申请进入国家阶段以后面临较长审查周期。

7.1.2 专利法律状态分布

截至2021年7月，大连化物所专利的当前法律状态分布主要特点如下：

（1）发明专利中，处于授权且维持有效状态的占36.5%、处于失效状态的占35.2%，二者体量大体相当，呈现出一种“均势”；处于审查程序中、专利权效力未定状态的比例明显偏低（28.3%），见图7－2。

（2）实用新型专利、外观设计专利的有效比相似，都是接近60%。

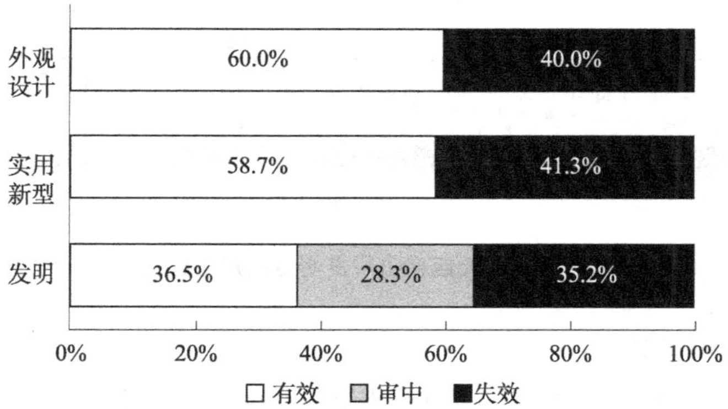

图7－2 大连化物所专利法律状态分布❷

❶ 大连化物所自2011年起PCT专利申请增长速率高于前期。

❷ 实用新型专利与外观设计专利没有公开审查程序，首次公开即为授权公布，因而没有“审中”状态。

7.1.3 专利创造宏观质量

考察发明专利审查程序、专利权利维持方面 5 项主要指标的变化趋势可以反映中国发明专利的宏观质量❶。这 5 项宏观质量指标分别是：

（1）发明专利授权率：发明授权与发明授权、驳回、撤回的专利总量的比率，以发明公开版本为基准计算❷。

（2）发明专利驳回率：发明驳回与发明授权、驳回、撤回的专利总量的比率，以发明公开版本为基准计算❸。

（3）发明专利撤回率：发明撤回与发明授权、驳回、撤回的专利总量的比率，以发明公开版本为基准计算❹。

（4）发明专利有效率：获得授权的专利中，处于有效状态的专利所占比例，以发明公告版本为基准计算❺。专利有效率是宏观评价专利维持情况和专利质量的重要指标之一。

（5）发明专利维持时间：专利维持的时间长度。有效专利的维持时间包括申请日至今的时间范围，已失效专利的维持时间包括申请日到失效日的时长。专利维持时间越长，通常可以说明其重要性和经济效益越大，市场价值越高。

2001 年以来，大连化物所中国发明专利审查程序中涉及的 3 项宏观质量指标的发展趋势如图 7－3 所示❻。

综合 3 项指标发展趋势初步判断，大连化物所中国发明专利宏观质量自 2015 年以来日趋优化。一是授权率逐渐稳步攀升；二是撤回率基本低于驳回率，显示申请人对自身技术的创新性水平更有信心。结合图 7－4 发现，申请人的专利维持主观意愿在不断增强。

大连化物所中国发明专利权利维持情况整体上不断稳定提升。从 2001 年到 2020 年，20 年专利平均有效率为 65.4%，显示出专利权利效力良好，同时也显示专利权人对已获得的专利权在技术与经济方面取得效益的信心在持续增强。

---

❶ 专利宏观质量可以包括技术质量（技术是否满足发明专利“三性”条件）、技术价值（权利人是否有意愿维持专利权利有效）、申请质量（专利文本质量、对审查过程中对各类通知书的应答质量）等方面。最重要的一般是前两方面。

❷ 计算公式：发明授权率＝发明授权数量/（发明授权数量＋驳回数量＋撤回或视为撤回数量）×100%，其中，授权数量包括处于有效状态的专利，也包括曾授权，当前已失效或部分无效、全部无效、放弃的专利。

❸ 计算公式：发明驳回率＝发明驳回数量/（发明授权数量＋驳回数量＋撤回或视为撤回数量）×100%。发明专利驳回率是宏观评价专利质量的重要指标之一。

❹ 计算公式：发明撤回率＝发明撤回或视为撤回数量/（发明授权数量＋驳回数量＋撤回或视为撤回数量）×100%。发明专利撤回率是宏观评价专利质量的重要指标之一。

❺ 计算公式：有效率＝有效专利数量/授权专利数量×100%。

❻ 鉴于专利申请公开存在最长 18 个月的时滞，2019 年、2020 年统计结果仅供参考。

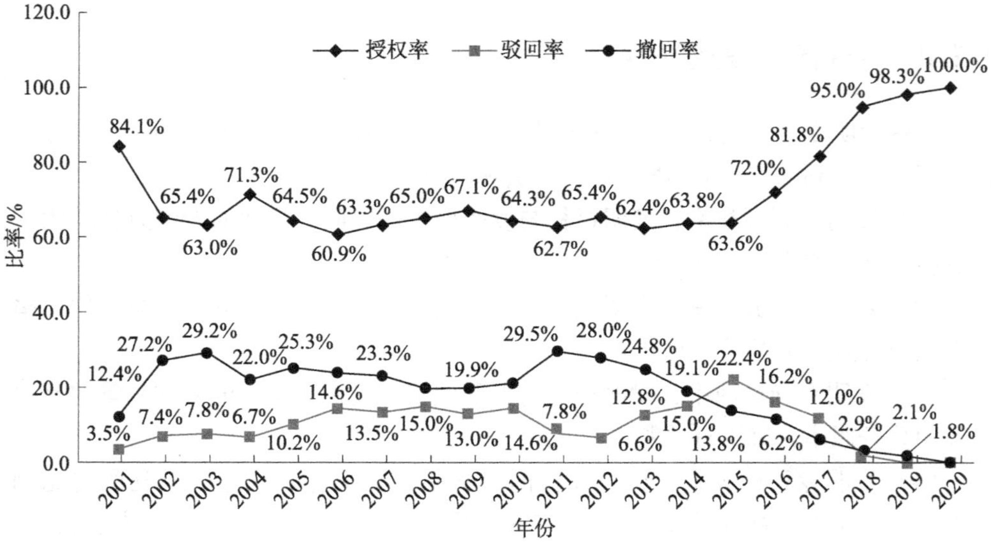

图 7－3　大连化物所中国发明专利审查程序宏观质量指标发展趋势

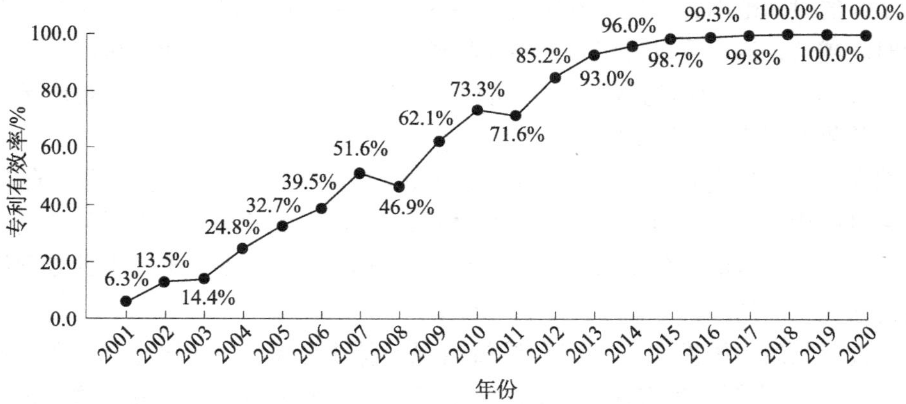

图 7－4　大连化物所中国发明专利有效率

大连化物所当前有效发明专利的维持年限如图 7－5 所示。多数有效发明专利集中在第 4～9 年的区间（63.4%），权利维持 10 年（含）以上的不足 1/4（24.6%）。结合近 10 年大连化物所专利申请量急速增长现象（图 7－1），不应简单认为研究所的专利维持时间整体不良或者高价值专利[1]表现不足，更大可能是由于近年产生了大量新增发明创造，使研究所的专利资产具有较长的生命周期与运维潜力。

维持时间在 19～20 年的有效发明专利共有 56 件。应当高度关注这 56 件发明专利的技术与经济价值，就其科研价值、生产投资、经济回报等方面开展详细分

[1] 张泉．未来五年，如何更好保护和激励高价值专利？［EB/OL］．（2021－03－29）［2021－03－29］．http：//www.gov.cn/xinwen/2021－03/29/content_5596621.htm.

析，关注相关的技术与商业布局范围，并进一步关注相关替代、升级技术的研发与转化情况。

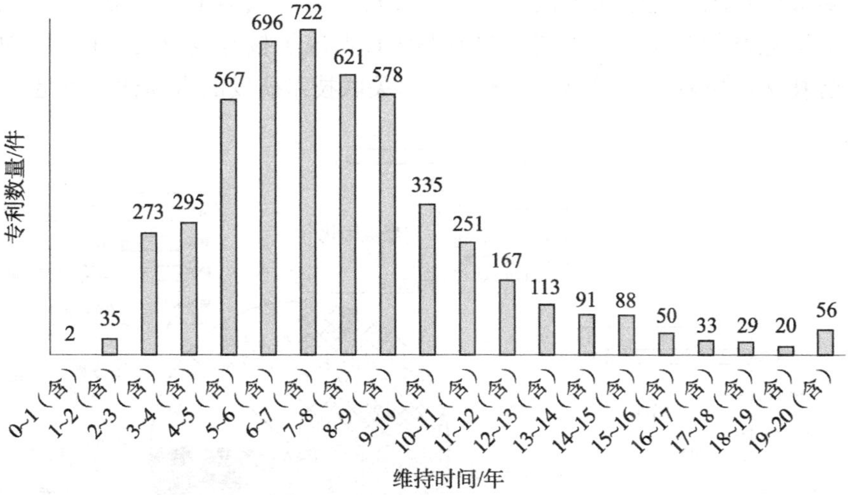

图 7－5　大连化物所中国发明专利维持时间

7.2　专利技术布局

7.2.1　专利技术分布

自 2001 年以来，大连化物所共有发明与实用新型专利 11 516 件[1]。其中，2/3 以上与能源技术领域相关（7730 件，占比 67.1%）。这些能源技术相关专利的技术构成如图 7－6 所示，主要特点如下：

（1）技术集中性特征明显。排名前 6 位的技术领域占比超过 93.8%，而最少的 7 个技术领域占比均低于 1%。研发集中度最高的 4 个技术领域依次是：低碳工业（2984 件，占比 29.9%）、储能（2178 件，占比 21.8%）、煤炭转化（1372 件，占比 13.7%）、氢能及燃料电池（1075 件，占比 10.8%）。

（2）低碳工业与储能技术两领域表现突出，有利于研究所在全球能源危机与能源革命背景下扮演重要的关键性能源技术角色，也有利于研究所与先进制造业深度融合，在更多领域扩展技术优势。

（3）从能源类型来看，化石能源（煤炭转化 1372 件，占比 13.7%；石油/天然气转化 835 件，占比 8.4%）是大连化物所能源技术研发的重要对象；清洁能源是另一重要对象，包括氢能源与可再生能源（集中在太阳能与生物质能）。整体上，碳基能源化学是大连化物所最重要的技术研发方向。

[1] 本章自 7.2 节起所称专利除专门说明外，均指发明与实用新型专利。

（4）各优势技术领域内部的细分技术方向，都表现出单极发展格局。低碳工业领域主要集中在高价值化学品化工方向，储能领域集中在化学储电方向，煤炭转化领域集中在煤制化学品方向，氢能及燃料电池领域集中于用氢方向。这一方面表明大连化物所在几个优势技术领域都培育形成了核心竞争力，但另一方面也提示优势技术在研发中的溢出效应不强，对关联技术研发的带动性还不足。

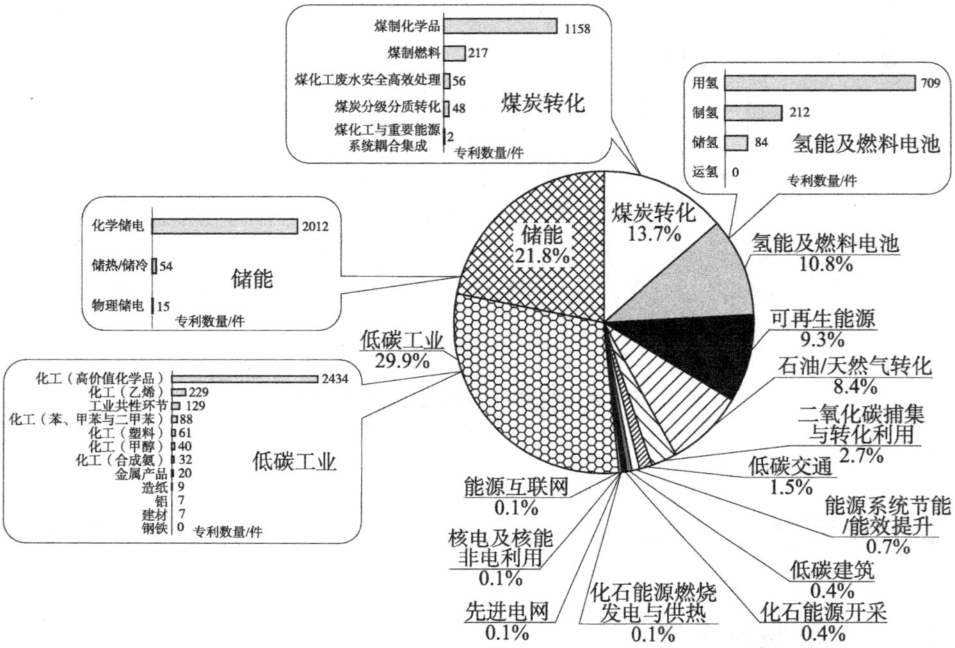

图 7－6　大连化物所能源专利技术构成（2001.1—2021.7）❶

7.2.2　国民经济行业分布

大连化物所的专利创新与制造行业密切相关❷。研究所八成以上专利技术产出与专用设备制造行业相关，主要应用在化工/木材/非金属加工专用设备、电子/电工机械专用设备两个行业。近六成的专利技术与化学原料和制品制造业相关，主要应用在专用化学品制备、基础化学原料制造、合成材料制造三个行业。

图 7－7 展示了大连化物所专利技术与主要国民经济行业关联性分布，可为研究所科技创新成果服务国民经济产业发展提供方向性参考。

❶ 一件专利可能涉及分类体系中的多个技术领域，因此各领域专利数量加和大于 7730 件。

❷ 根据《国民经济行业分类》释义，不论产品是动力机械制造还是手工制作，也不论产品是批发销售还是零售，均视为制造业。

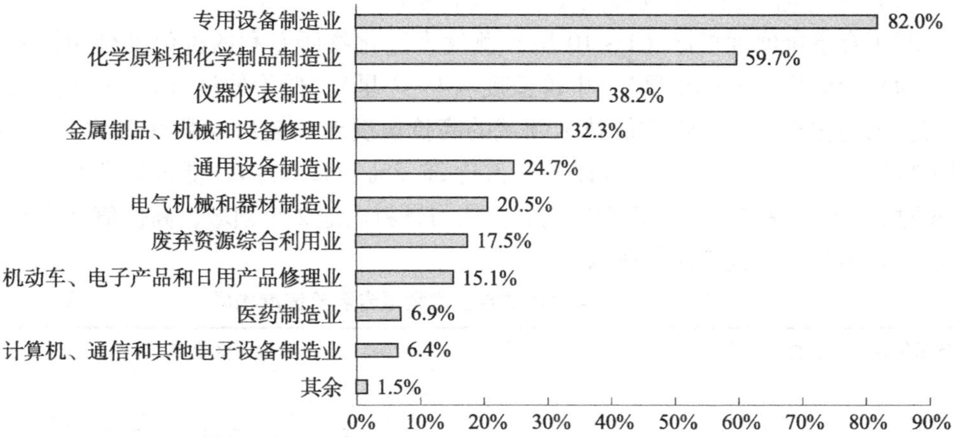

图 7－7　大连化物所专利技术国民经济行业关联性

7.2.3　重点技术专利产出

2001 年迄今，大连化物所共有煤制化学品相关专利共 1158 件、化学储电相关专利 2109 件、氢能与燃料电池专利 1132 件、生物质能专利 623 件。4 个重点技术领域的专利产出具有如下 3 个特点。

（1）化学储电技术领域的专利创新活力较强。

4 个重点技术领域中，化学储电、煤制化学品、氢能与燃料电池领域的有效专利占比相当，分别都处在略低于半数的水平，生物质能领域的有效专利占比低于上述 3 个领域；此外，化学储电技术领域的在审专利占比明显高于其他 3 个技术领域，同时失效专利数量占比明显较低，生物质能领域的失效专利占比最高（图 7－8）。

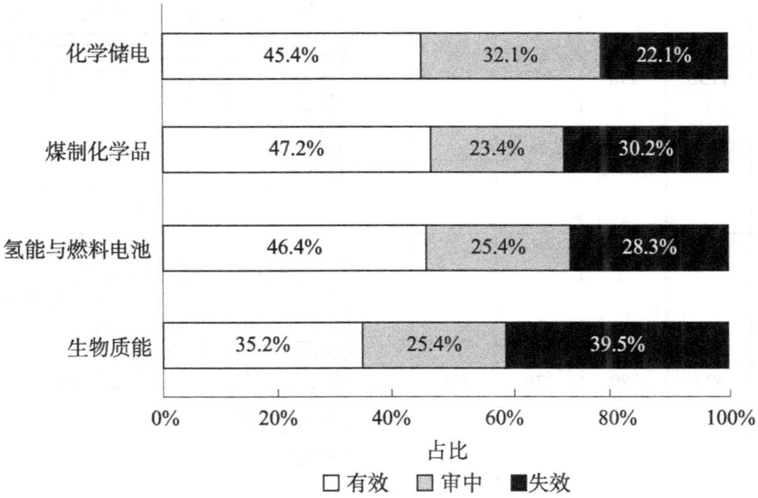

图 7－8　大连化物所重点技术领域专利法律状态构成

（2）煤制化学品、生物质能技术领域的专利价值度较高。

利用合享价值度指标（1～10 星）测度大连化物所专利的价值度分布，分别划分为高价值度（8～10 星）、中价值度（4～7 星）、低价值度（1～3 星）三个区间。煤制化学品、生物质能技术领域的高价值度专利超出半数（占比 56.8%、53.0%），中价值度专利占三成以上（占比 38.2%、42.5%），低价值度专利占比不超过 5.0%（表 7－1）。化学储电、氢能与燃料电池 2 个领域，高价值度专利占比虽不足半数，但也都在四成以上。

表 7－1　大连化物所重点技术领域专利价值度构成　（单位：件）

技术领域	总量	有效	失效	审中	专利价值度分布
化学储电	2109	961	468	680	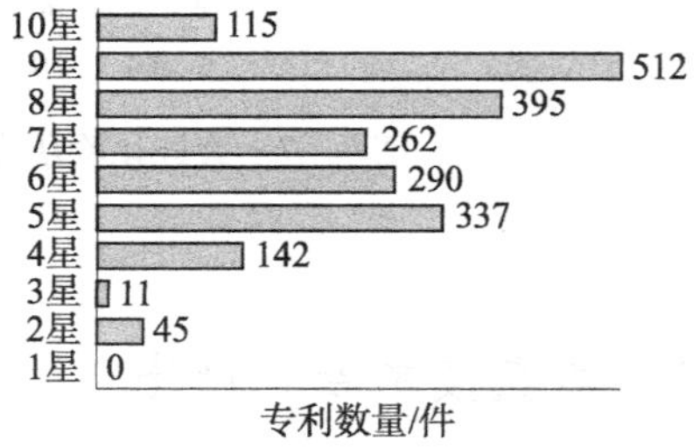
煤制化学品	1158	547	350	271	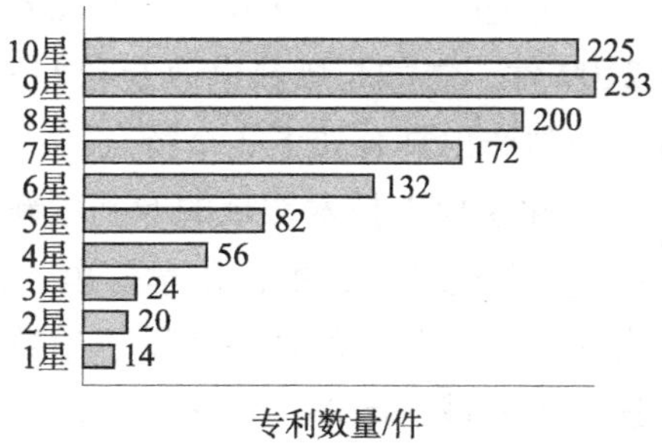
氢能与燃料电池	1132	398	447	287	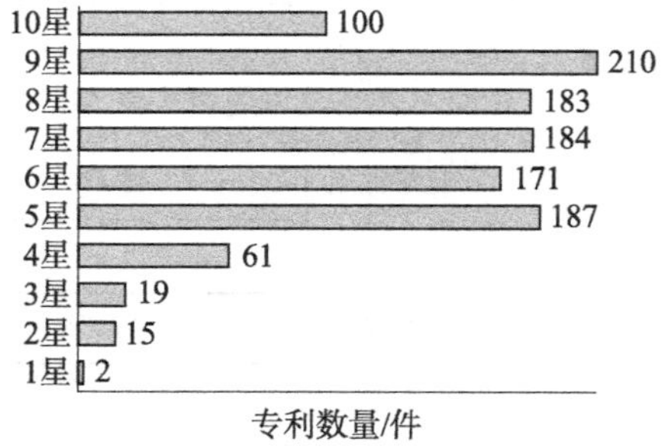
生物质能	623	289	176	158	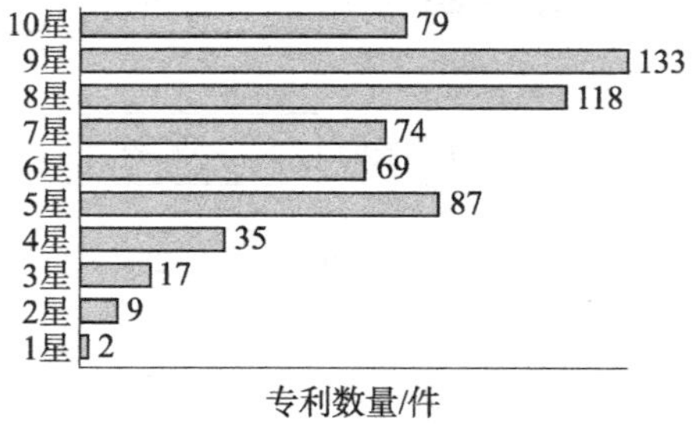

（3）4 个重点技术领域专利创新表现领先全所。

对比大连化物所专利的法律状态构成、专利价值度的整体水平，化学储电、煤制化学品、氢能与燃料电池、生物质能领域的专利产出在专利质量、权利稳定性等方面的表现都优于研究所整体水平，显示了这些重点技术领域研发实力在大连化物所创新研发体系中的优秀实力和领先水平，它们构成了大连化物所的整体技术优势。

7.3　专利布局

7.3.1　研究所专利布局

大连化物所专利布局的国际化程度较高，发明专利的国外布局量占比达 40%，共涉及了全球 34 个国家（地区）。美国、欧洲、日本、印度、澳大利亚、韩国、巴西等是重点目标市场。前 15 位国家（地区）的专利布局数量占总量的比达 97% 以上（图 7－9）。大连化物所非常重视利用 PCT 申请途径，并且向欧洲专利局、欧亚专利组织也提交较多发明申请（表 7－2）。

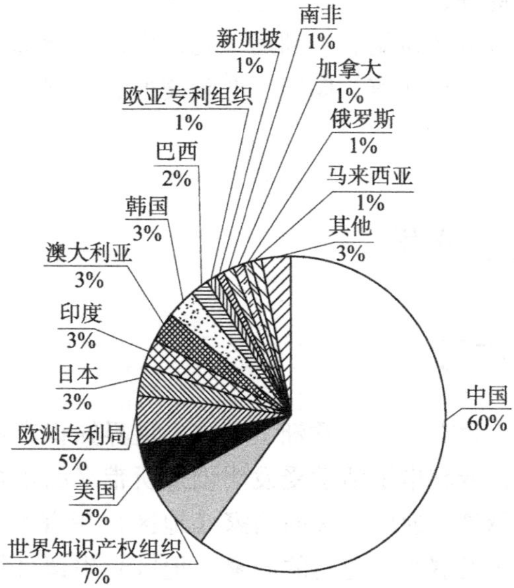

图 7－9　大连化物所发明专利地域布局

表 7－2　大连化物所发明专利全球分布（前 10 位）　（单位：件）

序次	国家（地区、组织）	专利数量
1	中国	10 989
2	世界知识产权组织	1329
3	美国	945

续表

序次	国家（地区、组织）	专利数量
4	欧洲专利局	831
5	日本	634
6	印度	519
7	澳大利亚	494
8	韩国	463
9	巴西	386
10	欧亚专利组织	268

7.3.2 研究所能源领域专利布局

在能源领域的多数技术方向，大连化物所进行了广泛的全球市场布局，除中国国内市场之外，重点关注美国、欧洲、日本、印度、韩国、澳大利亚、巴西、新加坡等市场。

国际化布局程度较高的技术方向有煤炭转化、石油/天然气转化、低碳工业、能源系统节能与能效提升、氢能与燃料电池、可再生能源。

化石能源开采、核电及核能非电利用、先进电网、能源互联网 4 个技术方向未见有国外专利布局。相比而言，储能、低碳交通、低碳建筑技术的国外市场专利布局尚偏弱。

7.4 专利价值度分析

7.4.1 四方专利布局

四方专利指同时包含有美国、欧洲、日本、世界知识产权组织专利申请的专利家族。一般意义上，专利申请活动受发明创造所带来的市场回报价值的高低所驱动，经济发展水平越高或速度越快的国家（地区）越有可能为新技术提供高经济回报；同时，在经济发展水平越高的国家（地区）申请（维持）专利权的成本越高。因而，四方专利能够在一定程度上表征申请人就一项新技术在世界主要发达经济体市场带来经济回报的评估前景，由此反映出申请人对该项专利技术价值的信心。因此，四方专利被普遍接受为高价值专利的表征指标之一。

大连化物所拥有四方专利 70 项，涉及了能源领域 9 个技术方向。其中，四方专利产出最多的技术领域依次是低碳工业、煤炭转化、石油/天然气转化。这一现象印证了碳基能源化学是大连化物所最重要的技术研发方向（见 7.2.1 节），同时也进一步印证了碳基能源化学是大连化物所具有国际竞争力的核心技术领域。结合发明专利产出总量与四方专利数量来看，储能、氢能及燃料电池、可再生能源3个领域拥有较高比例的新技术产出。

7.4.2　高价值度专利分布

合享价值度指标测度结果显示，大连化物所专利价值度较高。

发明类型专利产出中，中、高价值度专利占比94.3%，其中，高价值度（8~10星）占41.0%、中价值度（4~7星）占53.3%（图7-10）。实用新型类型专利产出中，中、高价值度专利占比也达到89.8%，其中，高价值度占35.3%，中价值度占54.5%（图7-11）。

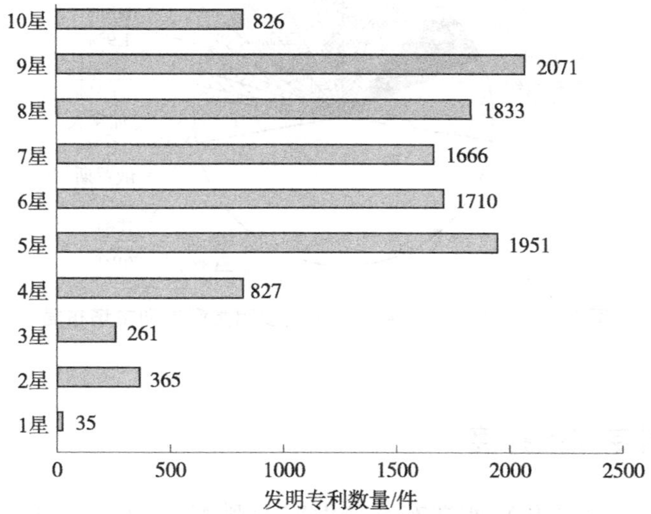

图7-10　大连化物所发明专利合享价值度分布

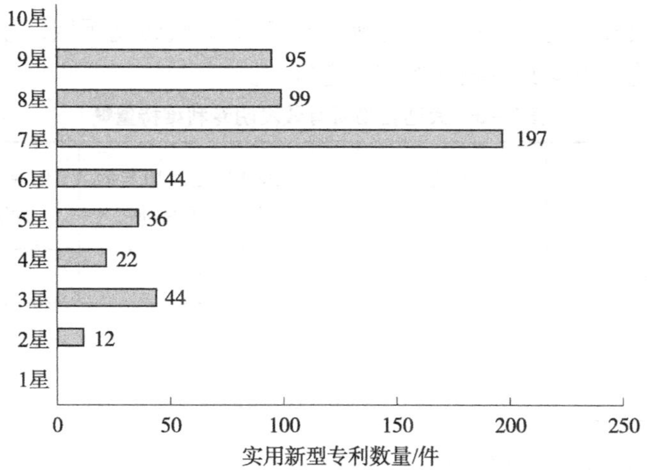

图7-11　大连化物所实用新型专利合享价值度分布

筛选位于高价值度区间（8～10星）的发明类型专利，共有4730件，分布在31个国家（地区）。大连化物所高价值度专利布局的国际化程度较高，海外布局数量超过半数。中国、美国、欧洲、日本是重点布局地区，专利布局数量占高价值度发明专利总量的70%以上（图7－12）。大连化物所还注重充分利用世界知识产权组织、欧洲专利局、欧亚专利组织的申请途径，积极部署全球性、区域性的专利申请。

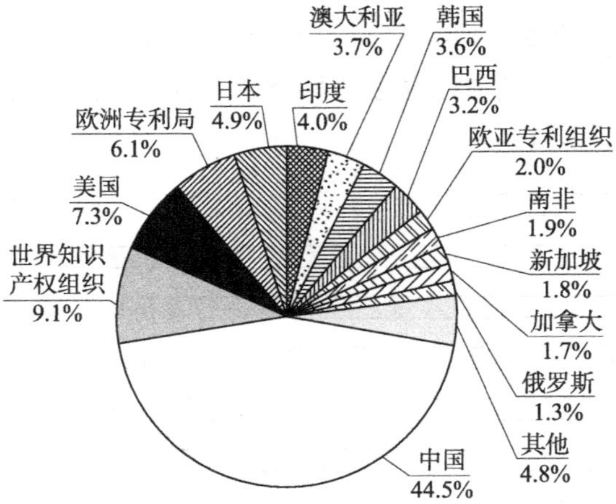

图7－12　大连化物所高价值度发明类型专利市场布局

7.4.3　发明专利维持度

截至检索日，大连化物所拥有有效发明专利4216件，其中，维持年限超过10年的发明专利684件❶，涉及能源领域10个技术方向（表7－3）。维持年限超过10年的发明专利数量最多的领域依次是低碳工业、储能、煤炭转化，处于第二梯队的是氢能及燃料电池、可再生能源、石油/天然气转化领域，显示出大连化物所在碳基能源化学方向具有较强的核心竞争力。

表7－3　大连化物所有效发明专利维持量❷

技术领域	有效发明专利量/件	维持年限超过10年的发明专利量/件	维持年限超过10年的发明专利占比/%
化石能源开采	14	0	0

❶　法律状态更新时间为2021年7月。

❷　一件专利可能涉及多个技术领域，因而表7－3中有效发明专利量总和大于4216件，维持年限超过10年的发明专利量总和大于684件。

续表

技术领域	有效发明专利量/件	维持年限超过10年的发明专利量/件	维持年限超过10年的发明专利占比/%
石油/天然气转化	313	52	16.6
煤炭转化	613	145	23.7
低碳工业	1195	152	12.7
化石能源燃烧发电与供热	6	1	16.7
核电及核能非电利用	0	0	0
可再生能源	411	66	16.1
储能	916	146	15.9
氢能及燃料电池	375	68	18.1
先进电网	1	0	0
能源互联网	1	0	0
低碳交通	61	6	9.8
低碳建筑	5	0	0
能源系统节能与能效提升	11	2	18.2
二氧化碳捕集与转化利用	120	9	7.5
其他	1127	163	14.5

7.4.4　能源领域专利价值度分布

进一步考察能源领域专利的价值度分布情况（图7－13）。中、高价值度专利产出主要领域是低碳工业（2993件）、储能（2157件）、煤炭转化（1382件）、氢能及燃料电池（1095件）、可再生能源（958件）、石油/天然气转化（856件）。其中，最突出的是煤炭转化领域，半数以上属高价值度专利（占比56.7%）。

低价值度专利主要出自低碳工业领域。

图 7－13　大连化物所能源领域专利价值度分布❶（单位：件）

7.5　专利研发合作

排除基于制度要求的合作申请❷，大连化物所的发明、实用新型类专利申请中

❶ 括号中的数字代表专利数量，单位为件。

❷ 基于制度要求的合作申请是指，按国家专利制度规定，职务发明须首先由发明人作为专利申请人，或者由企业与发明人共同作为专利申请人，再经权利转让程序将专利申请转给企业持有。由于企业发明一般由多人合作完成，所以企业与发明人合作的情形也表现为专利的合作申请。

共有 763 件合作申请，占总量的 6.3%。

这些专利合作主要有 4 种类型：与企业合作（研－产合作）、与大专院校❶合作（研－学合作）、与科研机构❷合作（研－研合作）、与企业和大专院校形成三方合作（产－学－研）。在产学研合作中，大连化物所与产业界创新主体的研发合作占绝对主体，研－产合作专利申请量占大连化物所专利合作申请总量的 88.5%，显示大连化物所科技创新活动与国家相关产业需求的密切关联性、高度协同性（图 7－14）。

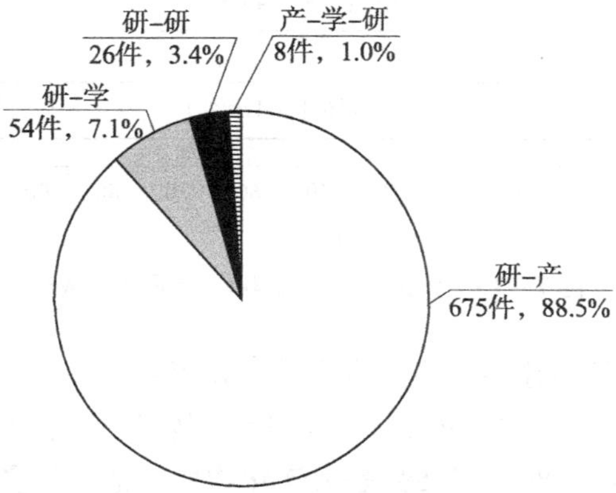

图 7－14 大连化物所专利申请合作类型

大连化物所的重要专利研发合作伙伴均为企业，且集中在石油能源企业。合作最为密切的是英国石油有限公司、融科储能、中国石化、中国石油 4 家创新主体，其中与英国石油有限公司合作最多。与大连融科储能技术发展有限公司的合作具有高度专注性，专注于储能技术。

7.6 专利运营

7.6.1 专利权转让

专利权利的转让代表对专利的技术价值、经济价值、法律价值的评估在不同主体间存在不均衡，并且双方能够凭借产权交易安排实现均衡，因而专利转让是专利技术转化与专利权运营的重要形式。从技术研发角度而言，专利转让有助于打破合作创新中的知识产权壁垒、建立产学研合作机制的有效手段，有助于推动企业加速实现产品研发和生产的快速转型，推动研究机构研究成果的

❶ 含大专院校的附属医院。

❷ 含科技系统的技术服务中心。

转化。经遴选❶，大连化物所共有503件专利发生专利权属转让（图7－15）。

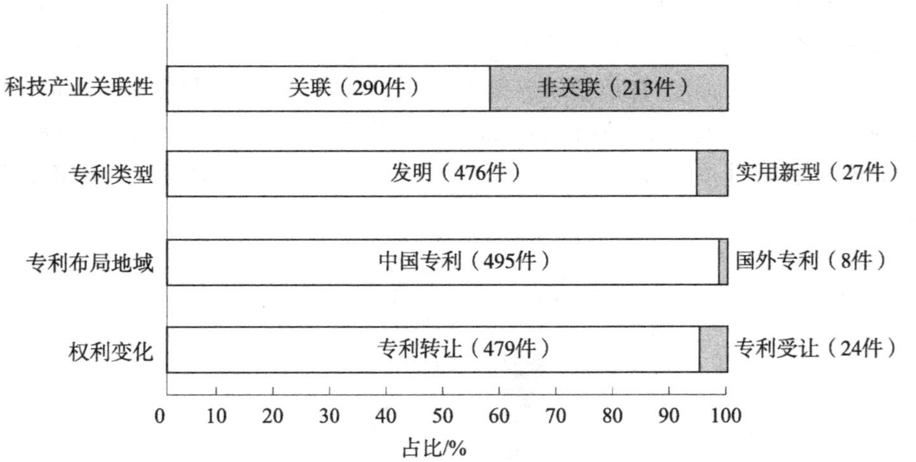

图7－15　大连化物所专利转让活动构成❷

大连化物所的专利转让活动主要具有下述特点：

（1）掌握技术输出主导地位。所发生的专利转让行为中，95.2%是大连化物所向他人转让权利（479件），4.8%是大连化物所从他人处受让权利（24件）。

（2）高度集中在中国专利技术。专利转让技术客体中，中国专利占98.4%（495件），国外专利占1.6%（8件）。

（3）产品、设备相关专利转让活动比方法相关专利转让活动活跃。发明专利转让476件，占发明专利总量的4.1%；实用新型专利27件，占实用新型专利总量的4.9%，略高于前者。

（4）已形成较为稳定成熟的专利技术运营模式。57.7%的专利转让（290件）与大连化物所的科技企业相关联，显示大连化物所已形成将科研成果通过自主打造的科技产业网应用于生产的产业化模式。

（5）以专利权的完全让渡为主，但对部分技术则注重权利的继续享有和未来发展。大连化物所向外转让的479件专利中，完全转让情况占73.7%（353件），即将专利权利完全让渡给受让方，转出后不再拥有专利权利；有26.3%则采取了部分转让形式，这一部分技术转让行为，着眼点可能并不侧重经济收入，更多是获得双方进一步合作开发的机会，有利于技术深化发展以及获取未来远期利益（图7－16）。

---

❶ 排除因基于制度要求的合作申请、共有权利人更名等因素引起的专利在形式上的转让情况。

❷ （1）涉及共有的专利权利转让有多种具体形式，本书将通过专利转让事件使大连化物所权利份额在形式上扩大的各种具体形式称为权利受让，反之称为权利转让。权利份额在形式上未发生变化，但共有权利人身份发生变化、申请人排名位次变化，亦称为权利转让。（2）其中，“科技产业”指大连化物所官网所示企业，网址为http：//www.dicp.cas.cn/gkjj_1/zzjg/。

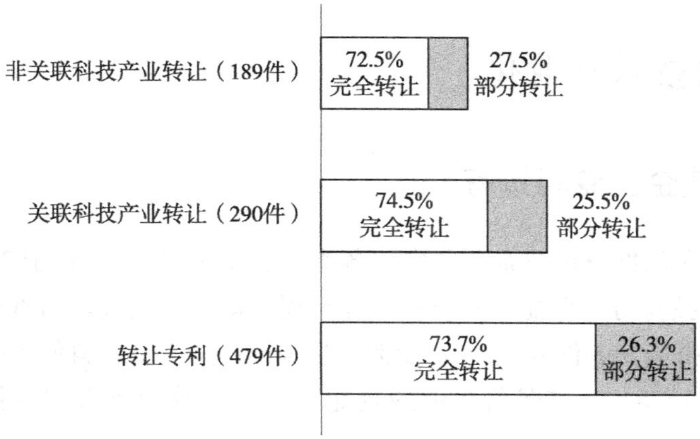

图 7－16　大连化物所专利转让的权利变化构成

7.6.2　专利权许可

专利许可与专利转让同属专利技术转化与专利权运营的重要形式，都是推动研究机构成果转化的有益形式。但是，专利许可双方通过许可行为共同为彼此在许可后设立的知识产权在权利边界、行使、维护等方面比专利转让存在更多限制与后续成本，尤其是专利使用权并非属于许可人的经济资产，被许可人无法通过权利质押实现融资，不能为被许可人带来与专利权受让人等效的经济灵活性，因而在专利运营中，专利许可与专利转让逐渐呈现不同的特征。

从公开数据中检索到大连化物所共发生 36 件专利许可，全部是大连化物所对外许可他人使用专利技术。专利许可行为发生在 2008—2015 年。2011 年许可数量最多，共许可 15 件。不同于专利转让行为，专利许可对象都不是研究所自有的科技企业。

7.6.3　专利权拍卖

近年来，大连化物所积极参与中科院专利运营活动。

2017 年，参加中科院普惠计划，遴选 40 件专利投放中科院共享专利池，面向中小企业提供创新合作关系。

2018 年，先后共遴选 20 件专利参加 2 次中科院专利拍卖活动。

2021 年，参加中科院专利集中运营，遴选授权 3 年待转化的“意向拍卖专利”61 件，参加中科院专利季度拍卖活动。

这些专利技术涉及化工与材料、能源环境与工业制造、生物医药、信息与微电子等技术领域，面向多个战略性新兴产业。

7.7 专利技术产业化

7.7.1 科技企业专利持有

大连化物所的部分科技企业共申请各类专利1520件，分布于27家企业。这些企业的“科技身份”明显。各企业持有专利数量差异较大。居首位的新源动力股份有限公司持有563件专利，占总量的37.0%；其次是融科储能持有250件专利，占总量的16.5%。排名前5位的企业专利拥有数量具有领先优势。详见图7－17。

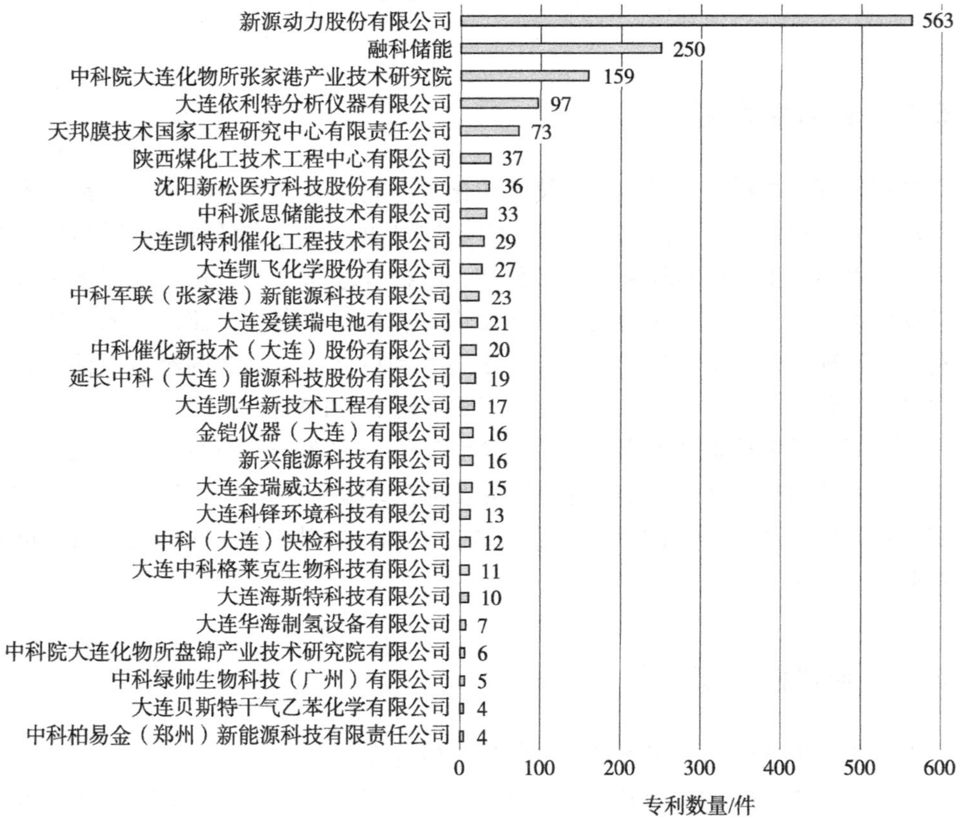

图7－17 大连化物所科技企业专利持有分布

7.7.2 科技企业专利行业关联

大连化物所科技企业的专利产出的国民经济行业分布结构特点（图7－18）与研究所专利产出的国民经济行业分布结构特点高度相似，都与制造业门类高度关联。关联性最强的是专用设备制造业，主要集中在化工/木材/非金属加工专用设备、电子/电工机械专用设备两个领域。

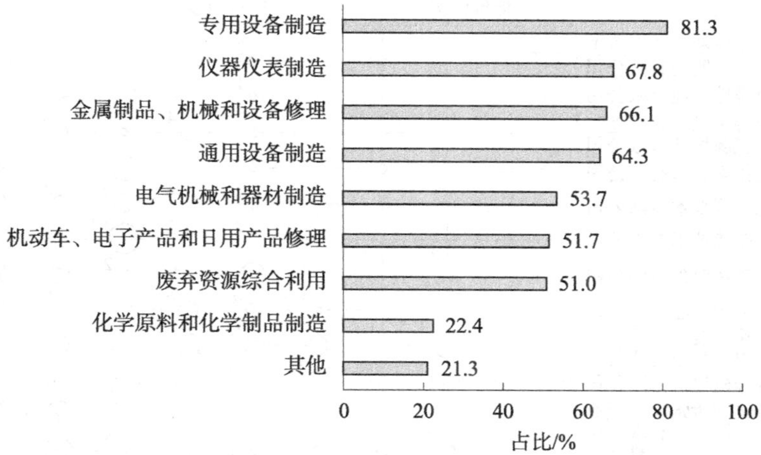

图 7-18　大连化物所科技企业专利国民经济行业关联

另一方面，二者也存在一些差异化特征：

（1）科技企业专利产出与经济行业关联更广泛。研究所的专利创造活动高度集中于专用设备制造、化学原料和制品制造 2 个行业；科技企业专利还与下述 7 个行业高度相关：仪器仪表制造，金属制品、机械和设备修理，通用设备制造，电气机械和器材制造，机动车、电子产品和日用产品修理，废弃资源综合利用。

（2）科技企业主营业务侧重于设备、仪器、电气机械。化学原料和化学制品制造业是与研究所专利产出密切关联的行业（排在第 2 位，59.7%），而在科技企业专利产出中并不突出（排在第 8 位，22.4%），可能相关研发活动在大连化物所创新布局中偏重基础科研，不是产业化重点。

（3）总体上，从专利产出与经济行业关联性结构特点来看，科技企业与研究所可视为集结了共同“兵力”于同一“战役”，但分属不同“作战部队”，有各自侧重的“战场”。

7.7.3　科技企业专利价值度水平

大连化物所科技企业的专利价值度整体水平较高。专利拥有量 20 件以上的 13 家科技企业，专利合享价值度评价结果绝大多数居于中、高价值度区间（图 7-19）。其中 7 家企业的高价值度专利达半数以上：新源动力股份有限公司、中科院大连化物所张家港产业技术研究院有限公司、陕西煤化工技术工程中心有限公司、沈阳新松医疗科技股份有限公司、大连凯特利催化工程技术有限公司、中科军联（张家港）新能源科技有限公司、中科催化新技术（大连）股份有限公司。综合来看，大连化物所的科技产业在储能、煤化工、催化技术方向具有优势，科技企业拥有优良的专利资产，研发端为产业发展提供了强劲的创新驱动力。

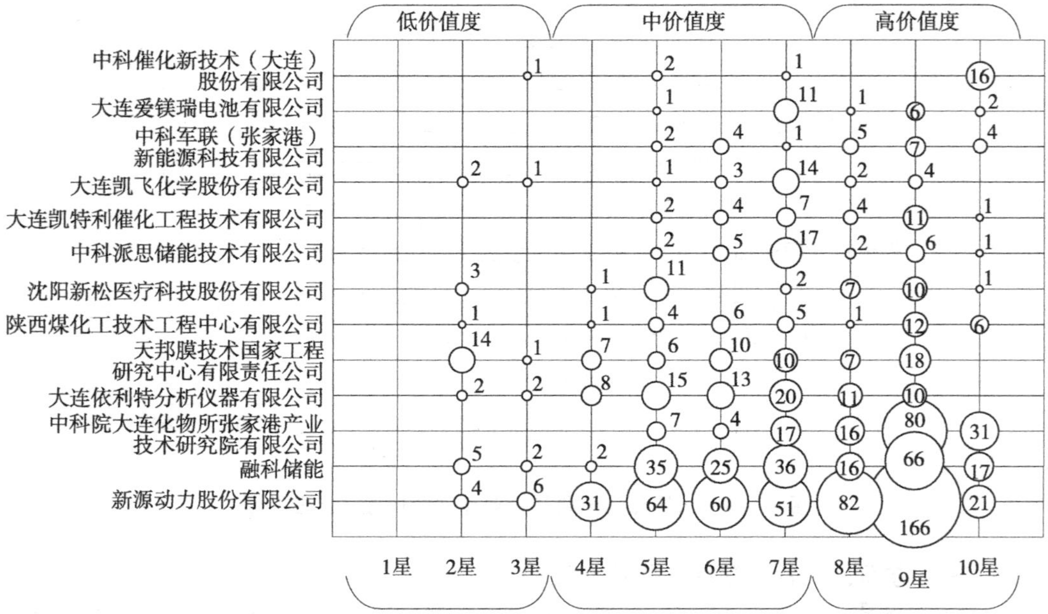

图 7-19　大连化物所科技企业专利价值度分布（单位：件）

7.7.4　科技企业专利权利稳定性

将科技产业的 1520 件专利划分为三类当前法律状态。具体法律状态构成见图 7-20。

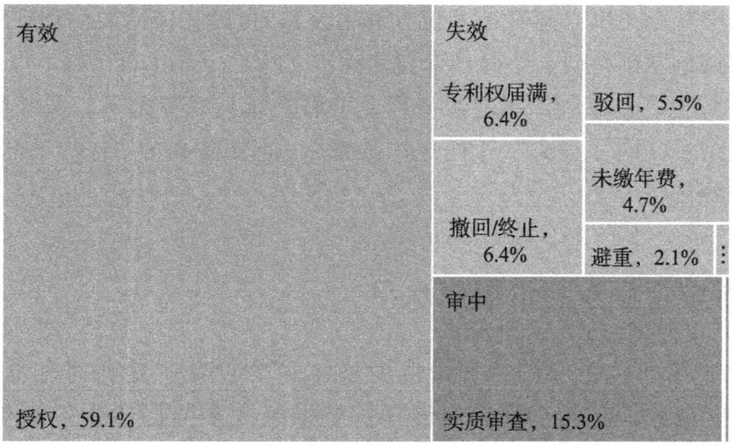

图 7-20　大连化物所科技企业专利法律状态构成❶

❶ PCT 期限届满且已进入国家阶段的 4 件专利未计入法律状态分类统计。

大连化物所科技企业的专利权利稳定性整体良好。首先，权利有效性高，当前授权专利占比接近60%。其次，权利接续力强，238件在审专利中有232件已经进入了实质审查阶段。最后，过往专利权效力稳定，失效专利中，超过53%的专利属于获得专利授权后失效，其中又有超过62%的授权后失效是因为保护期限届满或避重放弃专利权（图7-20）。

7.7.5　科技企业专利运营

经筛选[1]，大连化物所科技企业共发生发明专利转让362件，其中中国专利360件、美国专利2件。科技企业专利转让活动始于2002年。迄今先后出现了4次专利转让活动高潮：2007年（54件）、2012年（34件）、2018年（83件）、2019年（80件）。自《中国科学院促进科技成果转移转化专项行动》实施以来，专利转让活动出现了历史新高。详见图7-21。

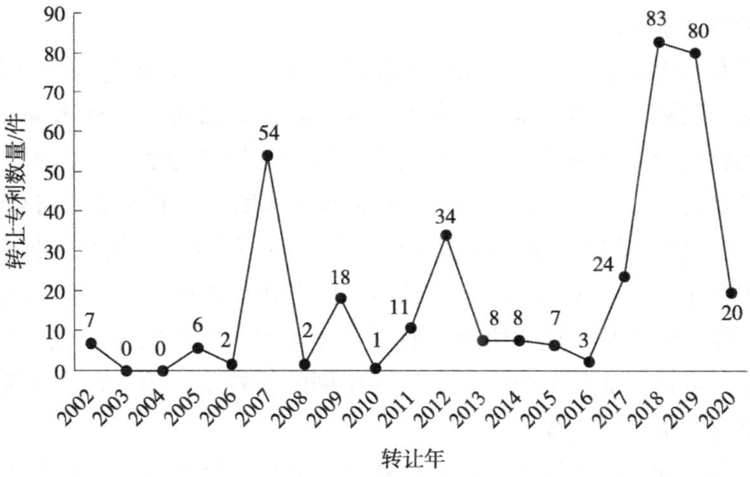

图7-21　2002—2020年大连化物所科技企业专利转让趋势

大连化物所科技产业体系对于研究所科技创新成果已具备了较高的产业化承接能力和研发创新反哺能力。科技企业承接的专利技术有80%以上来自大连化物所（291件），多为专利权完全转让。

7.8　小结

中科院大连化物所属国内首批专利申请人。自1985年以来，专利申请量保持稳步增长。伴随中科院知识创新工程、国家知识产权战略启动、中科院知识

[1] 排除因基于制度要求的合作申请、共有权利人更名等因素引起的专利在形式上的转让情况。

产权战略实施、中科院促进科技成果转移转化专项行动推进等重大举措，研究所专利活动一次次步入新一轮发展。目前大连化物所持有专利1.2万余件，95%以上为发明类型专利。研究所专利权利状态整体良好稳定，宏观质量指标反映出尤其自2015年以来专利质量更趋优化，授权率稳步攀升、专利维持主观意愿不断增强，但未来需进一步关注发明专利权的维持活力，防止专利权利老化。

研究所2/3以上的发明、实用新型专利与能源技术相关，涵盖15个技术领域。专利研发最为活跃的4个技术领域是：①低碳工业领域，主要集中在高价值化学品化工方向；②储能领域，主要集中在化学储电方向；③煤炭转化领域，主要集中在煤制化学品方向；④氢能及燃料电池领域，主要集中在用氢方向。化石能源、清洁能源是最重要的2种能源类型；碳基能源化学是最重要的学科。化学储电技术、煤制化学品领域的专利产出在专利质量、权利稳定性等方面的表现都优于全所整体水平，化学储电技术专利数量多、权利法律结构更好，煤制化学品技术专利价值度偏高。

研究所专利市场布局的国际化程度较高，共涉及全球34个国家（地区），重点关注美国、欧洲、日本、印度、澳大利亚、韩国、巴西等目标市场。大连化物所非常重视利用PCT申请途径，并且也大量运用了欧洲专利局、欧亚专利组织专利申请途径布局区域进行专利保护。国际化布局程度较高的技术方向有煤炭转化、石油/天然气转化、低碳工业、能源系统节能与能效提升、氢能与燃料电池、可再生能源。四方专利（向美国、欧洲、日本、世界知识产权组织申请的专利）数量反映出碳基能源化学是大连化物所具有国际竞争力的核心技术领域，储能、氢能及燃料电池、可再生能源3个领域有较高比例的新技术产出，但未来需要重视国际核心竞争力的保持与接续。

研究所的专利价值度较高，发明专利中，中高价值度专利占比90%以上，这在国内科研院所中处于较好的水平。高价值度专利布局的国际化程度较高，海外布局数量超过半数。能源领域相关专利产出中，最突出的是煤炭转化领域，半数以上属高价值度专利，低价值度专利主要来源于低碳工业领域。

研究所科技创新活动与产业需求密切关联，专利合作申请中有近九成是与产业界的合作成果。英国石油公司、融科储能、中国石化、中国石油4家创新主体是研究所最密切的合作伙伴。

研究所的专利转让活动活跃，占据绝对的技术输出主导地位。半数以上的专利转让活动与研究所科技企业关联，已经形成了通过自主打造的科技产业网将研究所科研成果进行产业化运用的成熟稳定模式。对于研究所外部企业，则主要采取专利许可方式。近年来，大连化物所积极参加中科院专利运营活动，先后参与了中科院“普惠计划”共享专利池、中科院专利集中拍卖等活动。

研究所已打造了庞大的科技产业体系，在储能、煤化工、催化技术方向具有优势。27 家下属科技企业持有各类专利共 1520 件，这些专利资产整体上权利状态稳定、接续力良好、价值度较高，研发端为产业发展提供了强劲的创新驱动力。大连化物所科技产业体系对于研究所科技创新成果已具备了较高的产业化承接能力和科技创新反哺能力，并且注重依托拥有的优质专利资产，利用专利质押金融杠杆撬动更多资本，提升专利运营成效。

第 8 章　洁净能源领域的专利战略布局

8.1　洁净能源领域政策发展趋势

8.1.1　国家高质量发展需要清洁高效能源体系支撑

当前全球能源供需版图正面临深刻变革。能源是经济社会发展的物质基础和命脉所在，我国低碳清洁转型策略需要兼顾能源成本和能源安全。我国“富煤、缺油、少气”的资源禀赋以及日益严峻的对外油气依赖现状，决定了完全“去煤化”不具备现实可行性，煤炭产业革命的核心应当是促进煤炭全产业链高效、清洁化。现代清洁煤化工的发展不仅可缓解我国油气对外依存度过高的局面，为国家能源安全提供必要的支撑，还可实现我国能源化学品生产的多元化，拓展石油化工原料的来源，提升我国对国际油气价格波动的抵御能力。可再生能源是本国可以掌控的能源，不受国际地缘政治变化的影响，是能源供给安全的要素。同时，绿色的可再生能源还是能源环境安全的要素，低碳的可再生能源又是能源气候安全的要素。

8.1.2　“双碳”愿景下绿色低碳发展提升到新高度

煤炭、石油、天然气、可再生能源与核能是我国现阶段使用最多的五大能源。“双碳”目标指引下的能源革命，意味着要将传统的化石能源为主的能源体系转变为以可再生能源为主导、多能互补的能源体系，进而促进我国能源及相关工业升级。可以预见的是“双碳”目标的提出为洁净能源产业发展释放了海量的政策红利（表 8 - 1）。化石能源清洁高效利用、可再生能源大规模利用，是实现“双碳”目标的必经之路，为相关产业发展提供巨大的机遇。

表8-1　2012—2021年我国发布的洁净能源政策

序号	政策/文件名称	发布主体	发布年	相关内容
1	《中国的能源政策（2012）》白皮书❶	国务院新闻办公室	2012	针对部分洁净能源相关领域提出指导意见，能源节约方面提出了推进建筑节能、交通节能相关政策意见。可再生能源领域，提出了水电、核电、风电、太阳能、生物质能等其他可再生能源及促进清洁能源分布式利用相关指导意见。针对化石能源，提出了安全高效开发煤炭、清洁高效发展火电、加大常规油气资源勘探开发力度、加强能源储运设施建设等指导意见。同时，还从提高能源普遍服务水平、加快推进能源科技进步、深化能源体制改革、加强能源国际合作等方面指明了未来重点工作
2	煤电节能减排升级与改造行动计划（2014—2020年）❷	国家发展和改革委员会、环境保护部、国家能源局	2014	全国新建燃煤发电机组平均供电煤耗低于300克标准煤/千瓦时（以下简称“克/千瓦时”）；东部地区新建燃煤发电机组大气污染物排放浓度基本达到燃气轮机组排放限值，中部地区新建机组原则上接近或达到燃气轮机组排放限值，鼓励西部地区新建机组接近或达到燃气轮机组排放限值。重点工作计划：加强新建机组准入控制；加快现役机组改造升级；提升机组负荷率和运行质量；推进技术创新和集成应用；完善配套政策措施；抓好任务落实和监管
3	能源发展战略	国务院办公厅	2014	推进煤炭清洁高效开发利用。加快常规天然气勘探开发，重点突破页岩气和煤层气开发，积极推进天然气水合物资源勘查与评价。加强先进生物质能技术攻关和示范，重点发展新一代非粮燃料乙醇和生物柴油，超前部署微藻制油技术研发和示范。积极开发水电，大力发展风电和太阳能电，积极发展地热能、生物质能和海洋能，提高可再生能源利用水平

❶ 国务院新闻办公室. 中国的能源政策（2012）[EB/OL].（2012-10-24）[2022-05-05]. http://www.gov.cn/zwgk/2012-10/24/content_2250617.htm.

❷ 国家发展和改革委员会，环境保护部，国家能源局. 关于印发《煤电节能减排升级与改造行动计划（2014—2020年）》的通知[EB/OL].（2014-09-12）[2022-05-05] https://www.ndrc.gov.cn/xxgk/zcfb/tz/201409/t20140919_964234.html?code=&state=123.

续表

序号	政策/文件名称	发布主体	发布年	相关内容
4	能源发展战略行动计划（2014—2020年）❶	国务院办公厅	2014	推进煤炭清洁高效开发利用；积极发展能源替代；加强储备应急能力建设；着力实施能效提升计划（提及煤电升级改造、绿色建筑、绿色交通行动计划；安全发展核电、大力发展可再生能源
5	关于促进煤炭工业科学发展的指导意见❷	国家能源局	2015	优化煤炭开发布局；调整煤炭产业结构；加强煤炭规划管理；规范煤炭生产建设秩序；推进煤炭安全绿色开采；推进煤炭清洁高效利用；加快煤层气产业化发展；营造煤炭企业良好发展环境；加强煤炭行业监督管理；统筹推进煤炭国际合作
6	《煤炭清洁高效利用行动计划（2015—2020年）》❸	国家能源局	2015	从新建燃煤发电机组平均供电煤耗、原煤入选率、现代煤化工产业化示范、燃煤工业锅炉平均运行效率、燃煤工业锅炉平均运行效率、煤炭清洁高效利用示范工程项目等方面提出行动目标。并规划了七项重点工作：推进煤炭洗选和提质加工，提高煤炭产品质量；发展超低排放燃煤发电，加快现役燃煤机组升级改造；改造提升传统煤化工产业，稳步推进现代煤化工产业发展；实施燃煤锅炉提升工程，推广应用高效节能环保型锅炉；开展煤炭分质分级梯级利用，提高煤炭资源综合利用效率；加大民用散煤清洁化治理力度，减少煤炭分散直接燃烧；推进废弃物资源化利用，减少污染物排放

❶ 国务院办公厅. 国务院办公厅关于印发能源发展战略行动计划（2014—2020年）的通知［EB/OL］.（2014-11-19）［2022-05-05］. http://www.gov.cn/zhengce/content/2014-11/19/content_9222.htm.

❷ 国家能源局. 关于促进煤炭工业科学发展的指导意见［EB/OL］.（2015-02-04）［2022-05-05］. http://zfxxgk.nea.gov.cn/auto85/201503/t20150325_1894.htm.

❸ 国家能源局. 国家能源局关于印发《煤炭清洁高效利用行动计划（2015—2020年）》的通知［EB/OL］.（2015-04-27）［2022-05-05］. http://zfxxgk.nea.gov.cn/auto85/201505/t20150505_1917.htm.

续表

序号	政策/文件名称	发布主体	发布年	相关内容
7	关于促进智能电网发展的指导意见❶	国家发展改革委、国家能源局	2015	建立健全网源协调发展和运营机制；增强服务和技术支撑，积极接纳新能源；加强能源互联，促进多种能源优化互补；构建安全高效的信息通信支撑平台；提高电网智能化水平；强化电力需求侧管理；推动多领域电能替代；满足多元化民生用电，支撑新型城镇化建设；加快关键技术装备研发应用，促进上下游产业健康发展；完善标准体系，加快智能电网标准国际化。 主要措施：统筹推动智能电网发展；加大投资支持力度，完善电价机制；营造产业发展环境，鼓励商业模式创新
8	关于推进“互联网+”智慧能源发展的指导意见	国家发改委、国家能源局、工业和信息化部	2016	加强能源互联网基础设施建设，建设能源生产消费的智能化体系、多能协同综合能源网络、与能源系统协同的信息通信基础设施。营造开放共享的能源互联网生态体系，建立新型能源市场交易体系和商业运营平台，发展分布式能源、储能和电动汽车应用、智慧用能和增值服务、绿色能源灵活交易、能源大数据服务应用等新模式和新业态
9	能源技术革命创新行动计划（2016—2030年）❷	国家发展改革委、国家能源局	2016	到2030年，建成与国情相适应的完善的能源技术创新体系，能源自主创新能力全面提升，能源技术水平整体达到国际先进水平，支撑我国能源产业与生态环境协调可持续发展，进入世界能源技术强国行列
10	中国制造2025—能源装备实施方案❸	国家发展改革委、工业和信息化部、国家能源局	2016	2025年前，新兴能源装备制造业形成比较具有优势的较完善产业体系，总体具有较强国际竞争力。有效支撑能源生产和消费革命，部分领域能源技术装备引领全球产业发展，能源技术装备标准实现国际化对接。 能源装备形成产学研用有机结合的自主创新体系，实现引领装备制造业转型升级。基本形成能源重大技术装备、战略性新兴产业装备、通用基础装备、关键零部件和材料配套等专业化合理分工、相互促进、协调发展的产业格局

❶ 国家发展和改革委员会，国家能源局. 关于促进智能电网发展的指导意见 [EB/OL]. (2015-07-07) [2022-05-05]. http://www.nea.gov.cn/2015-07/07/c_134388049.htm.

❷ 国家发展和改革委员会，国家能源局. 国家发展改革委 国家能源局关于印发《能源技术革命创新行动计划（2016—2030年）》的通知 [EB/OL]. (2016-06-01) [2022-05-05]. http://www.nea.gov.cn/2016-06/01/c_135404377.htm.

❸ 国家发展和改革委员会，工业和信息化部，国家能源局. 三部门关于印发《中国制造2025—能源装备实施方案》的通知 [EB/OL]. (2016-06-20) [2022-05-05]. http://www.gov.cn/xinwen/2016-06/20/content_5083796.htm.

续表

序号	政策/文件名称	发布主体	发布年	相关内容
11	能源生产和消费革命战略（2016—2030）	国家能源局	2016	推动非石化能源实现跨越式发展，全面建设“互联网+”智慧能源，鼓励风电、太阳能发电等可再生能源的智能化生产，推动化石能源开采、加工及利用全过程的智能化改造，加快开发先进储能系统
12	能源发展“十三五”规划❶	国家发展改革委、国家能源局	2017	可再生能源方面，提出了推广分布式再生能源发电、地热能供暖制冷等供能模式，加强热、电、冷、气等能源生产耦合集成和互补利用。在既有工业园区等用能区域，推进能源综合梯级利用改造，推广应用上述供能模式，加强余热余压、工业副产品、生活垃圾等能源资源回收及综合利用。利用综合能源基地风能、太阳能、水能、煤炭、天然气等组合优势，推进风光水火储多能互补工程建设运行。 化石能源方面，提出了把推动煤炭等化石能源清洁高效开发利用作为能源转型发展的首要任务，积极推进钢铁、建材、化工等高耗煤行业节能减排改造。全面实施散煤综合治理，逐步推行天然气、电力、洁净型煤及可再生能源等清洁能源替代民用散煤，实施工业燃煤锅炉和窑炉改造提升工程，散煤治理取得明显进展。 在能源终端方面，提出了创新生产生活用能模式。实施工业节能、绿色建筑、绿色交通等清洁节能行动。健全节能标准体系，大力开发、推广节能高效技术和产品，实现重点用能行业、设备节能标准全覆盖。 核电方面提出了安全高效发展核电，在沿海地区开工建设一批先进三代压水堆核电项目。加快堆型整合步伐，稳妥解决堆型多、堆型杂的问题，逐步向自主三代主力堆型集中。积极开展内陆核电项目前期论证工作。 能源互联网方面提出了加快推进“互联网+”智慧能源建设，实施能源生产和利用设施智能化改造，推进能源监测、能量计量、调度运行和管理智能化体系建设，提高能源发展可持续自适应能力。加快智能电网发展，积极推进智能变电站、智能调度系统建设，扩大智能电表等智能计量设施、智能信息系统、智能用能设施应用范围，提高电网与发电侧、需求侧交互响应能力。推进能源与信息、材料、生物等领域新技术深度融合，统筹能源与通信、交通等基础设施建设，构建能源生产、输送、使用和储能体系协调发展、集成互补的能源互联网

❶ 国家发展和改革委员会，国家能源局. 国家发展改革委 国家能源局关于印发能源发展“十三五”规划的通知［EB/OL］.（2017－01－17）［2022－05－05］. http：//www.nea.gov.cn/2017－01/17/c_135989417.htm.

续表

序号	政策/文件名称	发布主体	发布年	相关内容
13	《新时代的中国能源发展》白皮书❶	国务院新闻办公室	2020	全面推进能源消费方式变革章节中，提到了提升新建建筑节能标准，深化既有建筑节能改造，优化建筑用能结构。构建节能高效的综合交通运输体系，推进交通运输用能清洁化，提高交通运输工具能效水平。构建市场导向的绿色技术创新体系，促进绿色技术研发、转化与推广。推广国家重点节能低碳技术、工业节能技术装备、交通运输行业重点节能低碳技术。建设多元清洁的能源供应体系章节中提到了，(1) 优先发展非化石能源（太阳能、风电、水电、核电、生物质能），同时，全面提升可再生能源利用率。完善可再生能源发电全额保障性收购制度。实施清洁能源消纳行动计划，多措并举促进清洁能源利用。(2) 清洁高效开发利用化石能源，推进煤炭安全智能绿色开发利用。努力建设集约、安全、高效、清洁的煤炭工业体系。清洁高效发展火电，推进煤电布局优化和技术升级。提升石油勘探开发与加工水平。(3) 加强能源储运调峰体系建设，统筹发展煤电油气多种能源输运方式，构建互联互通输配网络
14	中华人民共和国国民经济和社会发展第十四个五年规划和2035年远景目标纲要❷	中华人民共和国中央人民政府	2021	构建现代能源体系：推进能源革命，建设清洁低碳、安全高效的能源体系，提高能源供给保障能力。加快发展非化石能源，坚持集中式和分布式并举，大力提升风电、光伏发电规模，加快发展东中部分布式能源，有序发展海上风电，加快西南水电基地建设，安全稳妥推动沿海核电建设，建设一批多能互补的清洁能源基地，非化石能源占能源消费总量比重提高到20%左右。推动煤炭生产向资源富集地区集中，合理控制煤电建设规模和发展节奏，推进以电代煤。有序放开油气勘探开发市场准入，加快深海、深层和非常规油气资源利用，推动油气增储上产。因地制宜开发利用地热能。提高特高压输电通道利用率。加快电网基础设施智能化改造和智能微电网建设，提高电力系统互补互济和智能调节能力，加强源网荷储衔接，提升清洁能源消纳和存储能力，提升向边远地区输配电能力，推进煤电灵活性改造，加快抽水蓄能电站建设和新型储能技术规模化应用。完善煤炭跨区域运输通道和集疏运体系，加快建设天然气主干管道，完善油气互联互通网络

❶ 国务院新闻办公室.《新时代的中国能源发展》白皮书 [EB/OL].(2020-12-21) [2022-05-05]. http://www.gov.cn/zhengce/2020-12/21/content_5571916.htm.

❷ 中共中央政治局. 中华人民共和国国民经济和社会发展第十四个五年规划和 2035 年远景目标纲要 [EB/OL].(2021-03-13) [2022-05-05]. http://www.gov.cn/xinwen/2021-03/13/content_5592681.htm.

续表

序号	政策/文件名称	发布主体	发布年	相关内容
15	2021年能源工作指导意见❶	国家能源局	2021	储能方面，提出了进一步提升能源储运能力。推进天然气主干管网建设和互联互通。积极推进东北、华北、西南、西北等“百亿方”级储气库群建设，抓好2021年油气产供储销体系建设管道、地下储气库和LNG接收站等一批重大工程建设。提升煤炭生产、流通和消费各环节库存水平。 可再生能源方面，提出了大力发展非化石能源。研究出台关于促进新时代新能源高质量发展的若干政策。2021年风电、光伏发电量占用电量的比重11%。推进主要流域水电站规划建设，有序发展核电。推动光热发电示范项目尽早建成并网。研究启动地热能发电示范工程。有序推进生物质能开发利用，加快推进纤维素等非粮生物燃料乙醇产业示范。 先进电网方面，提出了增强清洁能源消纳能力。健全完善清洁能源消纳的电力市场机制，积极推广就地就近消纳的新模式，推进电力源网荷储一体化和多能互补发展，提升输电通道新能源输送能力，提高中东部地区清洁电力收入比重。加快建设特高压直流输电通道项目。完善电网主网架布局和结构，提升省间电力互济能力。 在煤炭利用方面，提出了深入推进煤炭消费总量控制，加强散煤治理，推动煤炭清洁高效利用。大力推广高效节能技术，支持传统领域节能改造升级，推进节能标准制修订，推动重点领域和新基建领域能效提升。积极推广综合能源服务，着力加强能效管理，加快充换电基础设施建设，因地制宜推进实施电能替代，大力推进以电代煤和以电代油，有序推进以电代气
16	关于加快推动新型储能发展的指导意见❷	国家发展改革委、国家能源局	2021	目标：到2025年，实现新型储能从商业化初期向规模化发展转变。新型储能技术创新能力显著提高，核心技术装备自主可控水平大幅提升，在高安全、低成本、高可靠、长寿命等方面取得长足进步，标准体系基本完善，产业体系日趋完备，市场环境和商业模式基本成熟，装机规模达3000万千瓦以上。新型储能在推动能源领域碳达峰碳中和过程中发挥显著作用。到2030年，实现新型储能全面市场化发展。新型储能核心技术装备自主可控，技术创新和产业水平稳居全球前列，标准体系、市场机制、商业模式成熟健全，与电力系统各环节深度融合发展，装机规模基本满足新型电力系统相应需求。新型储能成为能源领域碳达峰碳中和的关键支撑之一

❶ 国家能源局. 国家能源局关于印发《2021年能源工作指导意见》的通知［EB/OL］.（2021－04－22）［2021－09－11］. http://www.nea.gov.cn/2021－04/22/c_139898478.htm.

❷ 国家发展和改革委员会，国家能源局. 国家发展改革委 国家能源局关于加快推动新型储能发展的指导意见［EB/OL］.（2021－07－15）［2021－09－11］. http://zfxxgk.nea.gov.cn/2021－07/15/c_1310079331.htm.

8.1.3　先进信息技术与能源行业加速融合激发巨大应用潜力

新一轮能源技术革命方兴未艾，先进信息技术与能源行业加速融合，数字化、网络化、智能化发展快速演进，能源电力行业面临全方位、全链条式产业升级、业态创新、服务拓展和生态重构的机遇和挑战。国际能源署《2050 年净零排放：全球能源行业路线图》指出，2050 年实现净零排放的关键技术中，50% 目前尚未成熟。这就需要对化石能源清洁利用、大规模储能、可再生能源领域相关技术加大研发力度，形成国际竞争力。

8.2　洁净能源领域发展面临挑战

8.2.1　新一轮能源技术革命加剧技术创新更迭压力

当前能源领域技术创新进入高度活跃期，能源技术进步与能源转型相互促进，新兴能源技术正以前所未有的速度加快更迭，技术竞争日益加剧。绿色低碳是能源技术创新的主要方向，集中在化石能源清洁高效利用、新能源大规模开发利用、核能安全利用、大规模储能、关键材料等重点领域。可再生能源发电、先进储能技术、氢能技术、能源互联网等具有重大产业变革前景的颠覆性技术应运而生。随着云计算、大数据、物联网等新兴技术的发展，能源生产、运输、存储、消费等环节正发生变革。

8.2.2　世界主要国家高度重视加大了产业与市场竞争压力

世界主要国家均把能源技术视为新一轮科技革命和产业革命的突破口，制定各种政策措施抢占发展制高点，增强国家竞争力，保持领先地位。主要能源大国先后出台了一系列法律法规和政策措施，加快推进能源科技创新。例如，美国发布了《全面能源战略》《第一能源计划》《储能大挑战路线图》《2030 年核能战略愿景》等战略计划，将“科学与能源”确立为第一战略主题，提出形成从基础研究到最终市场解决方案的完整能源科技创新链条，积极推进碳捕集、利用和封存（CCUS）、先进核能、能效系统的研发。日本陆续出台了《面向 2030 年能源环境创新战略》《氢能基本战略》《第五次能源基本计划》等战略计划，稳步推进氢能和燃料电池的技术发展与应用。欧盟制定了《2050 能源技术路线图》等战略计划，突出可再生能源在能源供应中的主体地位，提出了智能电网、碳捕集与封存、核聚变以及能源效率等方向的发展思路。

8.2.3 创新主体“跑马圈地”引发知识产权竞争日趋激烈

发达国家企业积极实施面向低碳技术创新的专利战略，在低碳技术专利竞赛中抢夺先机。洁净能源领域各技术方向已聚集了大量的国内外竞争对手。国外领先申请人主要来自日本和韩国，尤其是日本拥有一批自主技术积累多、技术实力强劲的龙头企业。国内也有大量企业和科研机构积极布局，中国石油化工集团股份有限公司、中国石油天然气集团有限公司、国家电网有限公司以及矿业、石油、电力等的头部院校表现出色。新能源技术、能源系统信息化与智能化成为西方发达国家在中国专利布局的重点，应予以密切关注，防止国外来华专利战争，保障未来国家能源命脉安全，争取更大的技术主动权与国际话语权。

8.3 洁净能源领域专利布局战略

8.3.1 优化升级煤炭清洁高效利用优势技术集群，构建以技术内核驱动的产业创新生态系统

充分利用在化石能源清洁高效利用领域的学科布局和专利数量积淀优势，坚持深耕战略，加强前瞻性布局和技术迭代更新，加强技术和专利成果的有效管理和应用示范，打造优势方向的“高级作战舰队”。重点是持续加大煤炭分级分质转化、大型煤气化技术、煤化工与重要能源系统集成技术、煤炭深加工低碳化技术（工艺过程碳捕集与利用）的研发力度和专利布局；开展知识产权分级分类管理，精准对接产业需求；基于商业策略及产业链定位合理构建覆盖催化剂、反应工艺、工程化及工业化成套技术的专利布局体系；主导制定技术标准，构建专利池，促进技术和专利资源的有效整合。在领军企业及产业集群的培育过程中，尤其需要重视知识产权侵权风险预警与防控，提高知识产权风险防范意识，保障产业化投资安全。

8.3.2 争创锂离子储能电池、全钒液流电池等大规模储能战略技术引领者，布局新概念电化学储能技术

基于在全钒液流电池和锂离子电池领域既有的技术和专利先行优势，后续需加强高参数化学储能、储能系统集成和能量管理等相关技术研发和专利布局，发展形成鲜明特色和比较优势，进一步成为技术领域的引领者。精准把握储能技术发展趋势，加快镁基电池等新概念化学储能技术的储备和前瞻性布局，占领能源领域下一个发展制高点。

深度嵌入储能技术产业链，直面光电、风电与传统的火电等不同能源的融合对储能技术的巨大产业需求，加快相关技术的工程化和批量化生产技术开发，为可再生能源的大规模储用铺平道路。协同产业界建立完善的系统设计和测试协议等储能技术标准，孵化培育未来经济竞争优势。

8.3.3　加速可再生能源领域的技术突破和专利布局

氢能及燃料电池领域的技术创新和产业发展势头良好，未来可加大基于可再生能源及先进核能的制氢技术、新一代煤催化气化制氢技术、分布式制氢技术、氢气纯化技术、氢存储技术的突破。可以以解决氢能及燃料电池规模化应用过程中遇到的问题为专利布局的重点，确立技术研发活动创新点，以产业化反哺科研创新。

太阳能高效转化储存利用领域，未来可加大钙钛矿电池等新型高效太阳能电池技术、太阳能热化学制备清洁燃料技术的研发投入和产业应用，加强专利技术储备，形成鲜明特色和比较优势。

生物质能作为最具潜力的可再生能源，后续可加大相关技术研发，以产业化目标为导向，开展全面有序的专利挖掘，加速在新兴技术方向的布局。

8.3.4　加快低碳交通、低碳建筑、智能电网等终端应用产业布局

当前包括物理储能、电化学储能、储热、储氢等在内的多种储能技术类型，在新能源并网、电动汽车、智能电网、微电网、分布式能源系统、家庭储能系统、无电地区供电工程等不同应用场景下展露出巨大的发展潜力，市场前景非常广阔。

积极拥抱“互联网 +”等新型创新要素，占领“智慧 + 能源”专利布局先机，主动布局能源技术与现代信息、材料和先进制造技术交叉地带的专利，如智能电网、智能化工、分布式能源等领域。未来可加强相关技术研发和专利储备，不断拓展合作网络，加速低碳化、智能化多能融合方向的产业化进程，着力培育一批特色优势企业，占领市场先机。

8.3.5　进一步增强知识产权海外布局及专利后期运营力度

针对优势领域，加强对美国、日本、韩国等领先国家技术市场的专利布局力度，综合全球产业分析研判、市场和贸易活跃度、发展目标等多方面因素开展系统性和针对性的布局规划，为可能的专利纠纷增加交叉许可、反诉等谈判筹码。在储能、低碳交通、低碳建筑等技术方向，需要进一步加大海外专利培育力度，要加大内部创新资源的倾斜，围绕科研全流程实施全面的专利挖掘。开展专业预警导航，及时识别专利被侵权风险。适时通过专利标准化抢占产业竞争的制高点。

8.4 科研机构专利高质量发展工作路径

8.4.1 注重早期培育，提升创新源头专利价值，助力科技成果商业增值

在专利创造方面，实施“高价值专利培育计划”，以市场和产业化价值为导向，由管理层、产业化部门、研发部门、知识产权部门通力合作开展全面有序的专利挖掘，帮助形成对技术创新成果的全面、充分、有效的专利组合。建立项目储备库，遴选具有重大产业化前景的研究项目，作为专利培育与挖掘工作的重点对象，对成果产出开展早期规划与跟踪监测，加快推进原创技术成果落地。

开展申请前评估，科研人员提交发明想法或研究成果，由管理层、产业化部门、研发部门、知识产权部门组成的内部审核委员会或委托第三方专业机构评估成果的专利可行性、商业价值等内容，包括通过评价创新度、先进性、成熟度、可替代性来评价判断专利的技术价值，通过确权的难易程度及同族专利申请情况来评价专利的法律价值，通过落地可行性、行业前景来评价专利的经济价值，通过专利申请的目的如进攻、防御或提前公开来评价专利的战略价值。使用标准化评价系统，进行综合考量，快速评价科研成果，有针对性地进行专利申请保护布局。

8.4.2 进一步完善知识产权全流程精细化管理

进一步加强知识产权信息化平台建设，开展知识产权分级分类管理，强化专利信息查询、预警、申请、保存和专利应用管理。

推进知识产权管理高度系统化。每一项新的申请都要对在先申请进行回溯，确保技术方案是否合理，技术公开是否适度，避免对后期研发造成不必要的影响。在研发项目启动时，进行专利信息分析、开展专利导航，明确研发方向、路径的可行性，努力实现自主知识产权，保证实施自由度；项目实施过程中，开展专利预警，及时调整研发方向，开展专利布局，基于商业策略及产业链定位合理构建系列专利组合。

以成果转化为导向，积极申报核心专利、形成标准必要专利，从技术应用的角度分类和打包专利技术，构建专利池，促进技术和专利资源的有效整合；专利技术经济价值由于受到诸多因素影响而处于动态变化中，通过知识产权管理机构对专利价值及风险进行动态评估，动态调整专利运维策略，以便对技术开发、投资和运营等做出科学决策。

8.4.3　精准对接产业需求，构建良好创新生态

构建洁净能源技术成果发布平台，及时更新研发成果信息，向外界提供方便快捷的分类查询。除与专业机构合作外，可针对具体领域定期召开行业会议、专业会议，积极邀约企业参加，加强产学研沟通。此外，还可通过举行技术发布会、行业协会推介会等多种形式介绍推广相关科技成果，提高成果转化效率。

完善以产业需求为导向的研发机制和技术转移服务体系，研发阶段与产业的合作对接宜早不宜迟，建立供技术供需双方交流的产业合作提案平台，支持科研人员深入企业生产一线，同时注重技术转移过程的后继控制，形成“成果—转化—产品—技术更新—成果”的闭环式可持续发展转化生态。

利用企业资源进一步推动面向商业化的产品研究和开发工作。鼓励科研团队与企业签订战略合作协议，针对企业的具体需求进行定向研发，围绕行业及企业的共性关键（核心）技术开展科研攻关，通过建立联合实验室、公共研发平台、虚拟研究院的形式，拓展与企业的合作方式，促进形成的科研成果在相关企业直接落地。

8.4.4　加强要素保障，激发创新和成果产业化潜能

用好多元化多层次能源科技创新服务平台。充分利用国家洁净能源知识产权运营中心、多种孵化平台和天使资本，以及区域高等院校、科研机构雄厚的科教与科研实力，促进各类资源对接与要素联动，助力产业生根发芽，支持高科技企业快速健康成长与发展。同时，科研铺路产业反哺，促进技术、市场协调发展。加速构建科技成果转化中试熟化服务平台，激发产业化潜能。

设立专门的运营保障基金，统筹研究所专利申请工作。基金用于专利预评估，行业专业预警导航及专利布局，避免重复研发，构建高质量专利包，用于后期运营及保护，维持整个技术转化团队的运行。

优化专利转化收益分配。人才是创新和产业化的原生动力，需要建立灵活精准、合理适度的收益分配制度，完善以科技成果转化为导向的绩效评价体系等，多渠道、多方式鼓励科技人才投入科技创新和科技成果转移转化。

附录　申请人或专利权人名称约定表

约定名称	申请人或专利权人全称
中科院	中国科学院
中科院大连化物所	中国科学院大连化学物理研究所
中科院过程所	中国科学院过程工程研究所
中科院广州能源所	中国科学院广州能源研究所
中科院电工所	中国科学院电工研究所
中科院工程热物理所	中国科学院工程热物理研究所
中科院山西煤化所	中国科学院山西煤炭化学研究所
中科院合肥物质院	中国科学院合肥物质科学研究院
中科院化学所	中国科学院化学研究所
中科院金属所	中国科学院金属研究所
中科院福建物构所	中国科学院福建物质结构研究所
中科院兰州化物所	中国科学院兰州化学物理研究所
中科院青岛能源所	中国科学院青岛生物能源与过程研究所
中科院上海高研院	中国科学院上海高等研究院
中科院上海应物所	中国科学院上海应用物理研究所
德国弗劳恩霍夫协会	德国弗劳恩霍夫应用研究促进协会
国家电网	中国国家电网有限公司
中国石化	中国石油化工集团有限公司
中国石油	中国石油天然气集团有限公司
中国化工	中国化工集团公司
神华集团	中国神华集团有限责任公司
华能集团	中国华能集团有限公司
南京延长院	南京延长反应技术研究院有限公司
华谊集团	上海华谊能源化工有限公司
新奥科技	新奥科技发展有限公司
陕西延长石油	陕西延长石油投资有限公司
江苏索普集团	江苏索普（集团）有限公司
上海吴泾化工	上海吴泾化工有限公司

续表

缩略名称	申请人或专利权人全称
上海电气	上海电气集团
融科储能	大连融科储能技术发展有限公司
中盐金坛盐化	中盐金坛盐化有限责任公司
安徽美能	安徽美能储能系统有限公司
广东电力	广东电力发展股份有限公司
成都先进金属材料	成都先进金属材料产业技术研究院有限公司
湖南钒谷新能源	湖南钒谷新能源技术有限公司
丰田公司	日本丰田自动车株式会社
三菱公司	日本三菱重工业股份有限公司
松下集团	日本松下电器产业株式会社
东芝公司	日本东芝株式会社
日立公司	株式会社日立制作所
日产公司	日产自动车株式会社
本田公司	本田技研工业株式会社
积水化学	日本积水化学工业株式会社
日本住友电工	日本住友电气工业株式会社
关西电力	日本关西电力股份有限公司
昭和电工	日本昭和电工株式会社
京瓷公司	日本京瓷株式会社
乐金集团	韩国 LG 集团
三星集团	韩国三星电子株式会社
韩国能源所	韩国能源研究所
大赛璐集团	株式会社大赛璐集团
乐天化学	乐天化学株式会社
瑟兰斯国际	瑟兰斯国际股份有限公司
利安德巴塞尔	利安德巴塞尔乙酰有限责任公司
埃克森美孚	埃克森美孚化学专利公司
储能方案	长期储能解决方案公司
24M 技术公司	美国 24M 技术公司

致 谢

感谢编委会成员的辛勤工作，在本书的研讨和修订过程中付出的努力。

感谢中国科学院科技促进发展局知识产权处及相关领导和专家对本书编写提供的指导和建议。

感谢辽宁省知识产权局、大连市知识产权局相关领导和专家对本书给予的指导。

感谢中国科学院大连化学物理研究所和中国科学院成都文献情报中心相关领导和专家在本书的编写过程中给予的大力支持。

感谢中国科学院洁净能源创新研究院能源战略研究中心在本书的编写过程中给予的大力支持。

本书的编写及修改也得到了国家知识洁净能源产业知识产权运营中心、WIPO技术与创新支持中心（TISC）、中国科学院知识产权运营管理中心、辽宁洁净能源知识产权运营中心、大连市清洁能源专利运营中心的帮助和支持，在此一并感谢。